MEN'S LONG WALLET MADE OF LEATHER

皮革工艺

[男用长夹]

vol. 5

日本 STUDIO TAC CREATIVE 编辑部 编

刘好殊 译

中原农民出版社

· 郑州 ·

序

　　皮夹在皮革工艺的各种品项当中具有较特别的地位——皮夹除了必须根据使用者的喜好设计外，还必须兼顾到实用性及耐用性等。

　　皮夹不仅是日用品，还是皮革工艺作品和随身的时尚配件。与随身的其他物件相比，具有一定的特殊性。正因为皮夹具有如此特性，所以很难找到一款能够满足所有需求的皮夹。

　　本书为了兼顾实用性与设计性，大胆地只收录了设计自由度较高的长皮夹。书中的皮夹皆具有巧夺天工的设计性与功能性，不仅造型优雅别致，而且功能强大，使用方便！

　　基本上属于"Heavy Use"皮件的男士皮夹，其要求即为坚固、耐用。因此，需要在制作时多加入一些工序，以便大幅增加皮夹的耐用性。

　　下面，请一起来打造专属于自己的皮夹吧！

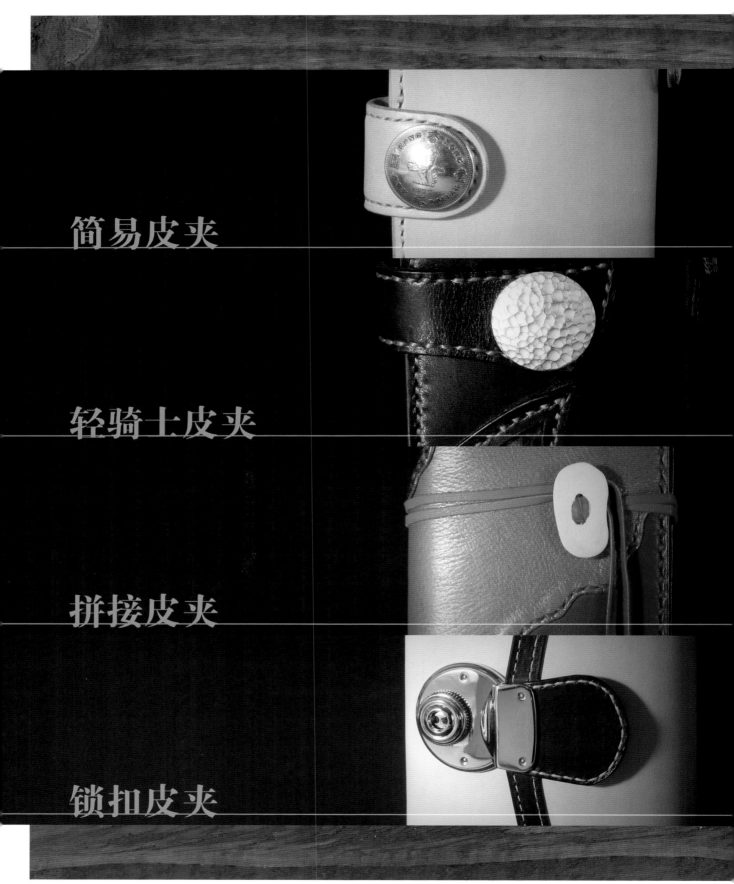

简易皮夹

轻骑士皮夹

拼接皮夹

锁扣皮夹

全拉链皮夹

钻钉皮夹

作品一览

骑士皮夹

目 录

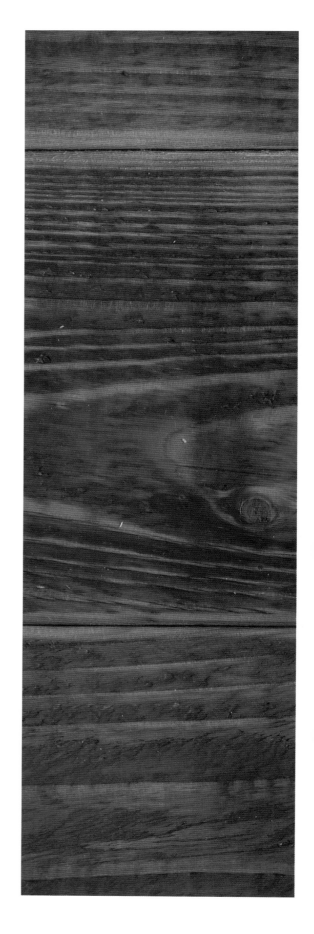

基础知识

在皮革工艺的世界中，必须具备知识与实践两大要素，方可做出令人赞叹的作品。最初可选择简单的作品并按照范本制作。虽然首要的步骤为尝试体验，但是若想稍微提升作品的完成度，希望能感受到皮革工艺中更深沉的醍醐味，便必须确实了解皮革的性质与皮料素材的特征，并由自己整理出制作皮件的流程。

制作流程

在动手制作皮夹前，首先必须确定想要的款式。可以将自己的需求写出来，例如：想放在裤袋中、想在正式场合使用、想要很多名片夹。待确定款式后便需要选出符合设计的皮料，并将其裁切成纸型所定的尺寸，再依序进行制作。当然，"制作"为皮革工艺中的必要流程，但是最后的润饰加工也是不可或缺的。另外，侧边等会影响成品质感的部分必须多加留心制作。每件作品在制作前都详细介绍了其制作重点、使用的零件和制作流程，希望各位在制作前先进行学习。

① 选择

首先要决定制作何种作品。待确定后再参考各单品页面中刊载的"使用皮料"栏，以挑选出合适的皮料。次页为皮料相关知识的详细解说，请加以参考利用。

② 裁取

参考本书中刊载的纸型图做出纸型并裁切皮料。因为皮夹开合较多，所以必须考虑到皮料的纤维方向。纤维方向的相关解说请参考下页内文。

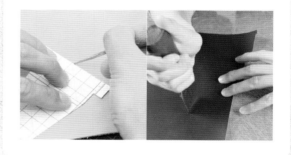

③ 制作

"制作"为最重要的流程。因此，必须确实了解、掌握手缝等制作技法。希望各位读者能够仔细阅读记载于各单品页面中的详细制作流程，并活用于皮夹的制作上。

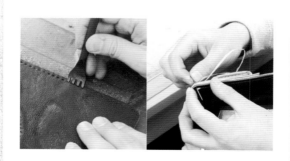

④ 修饰加工

侧边（即切口）部分的修饰加工，正是可以看出制作者是否用心制作的部分。修饰加工不仅能提升成品的美感，同时也具有抑制侧边毛糙、增加皮件耐用性的效果，因此，修饰加工是绝对不能省略的作业！

皮料

　　皮料为同时具有数种特殊性质的素材。若不事先了解皮料的相关知识，便无法做出漂亮的皮件，同时也可能产生皮件使用不便、容易损坏等情况。对作品影响最大的即为皮料的种类！必须先了解皮料素材是哪种动物的皮以及鞣制的方式。另外，根据作品零件的特性考量皮料的取用

部位也相当重要。只要掌握了各种皮料的不同特性并灵活运用，想必定能做出完成度较高的作品。

① 皮料的种类

市面上除了有最容易得手、结实且具厚度的牛皮之外，也有源自爬虫类等被称为"特殊皮料"的动物皮革。为了使动物皮能够成为较容易处理使用的素材，必须经过"鞣制"这道加工手续以制成皮料。目前市售的皮料大致上可分为使用植物单宁鞣制而成的"植鞣革"，与使用三价铬鞣制而成的"铬鞣革"。以不同原料鞣制而成的皮料，性质也完全不同。本书中的作品使用的皮料主要为植鞣革。植鞣革的延展性比铬鞣革佳，因此具有较优良的"可塑性"，只要以水沾湿成形并静置干燥，便能维持成形后的模样。另外，植鞣革亦具有会随着时间流逝而转变成黄褐色的"经年变化"，以及磨整切口后，侧边颜色便会转深并呈现出光泽等多种特性，也因此而有"培育皮革"之说。不过，铬鞣革不会变色，并无此效果。皮夹的形状必须硬挺，且皮夹为每天使用的贴身物品，因此植鞣革可说是最适合制作皮夹的皮料！

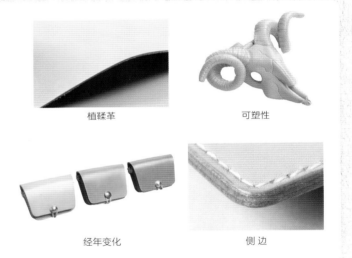

植鞣革　　　　　　　　可塑性

经年变化　　　　　　　侧边

② 纤维与部位

皮料由动物的皮制成，因此各部位的纤维方向皆不相同。将一头牛的皮自背部分切成两半后的皮料称为"半裁"。右图即为半裁各部位的名称与纤维方向图。平行于纤维延伸的方向时，皮料具有不易拉伸、容易弯曲的性质；垂直于纤维延伸的方向时，皮料具有相反的特性。例如，皮带等必须防止拉伸的零件须沿着箭头方向裁取，而需凹折的零件要沿着与箭头垂直的方向裁取。最容易使用的部分为纤维方向固定的背部；肩部的纤维方向比背部零乱；而愈接近头部附近的颈部与相当于肚子部位的腹部，其纤维则愈加粗糙而散乱。本书中的纸型上已标出纤维方向，希望各位读者在进行裁断时加以参考。卖家切好的零售皮料则不同，较难以判断其为皮料的哪个部位，不过还是可以借着用手轻折的感觉来判断纤维的方向。

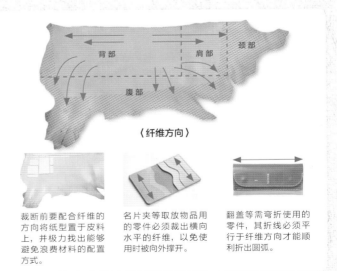

〈纤维方向〉

裁断前要配合纤维的方向将纸型置于皮料上，并极力找出能够避免浪费材料的配置方式。

名片夹等取放物品用的零件必须裁出横向水平的纤维，以免使用时被向外撑开。

翻盖等需弯折使用的零件，其折线必须平行于纤维方向才能顺利折出圆弧。

工具

　　在享受皮革工艺的制作乐趣前必须备齐各类工具。此处将会以制作步骤为区分，一一介绍从制作到完成必须用到的各种工具。在不断制作的过程中，找出最适合自己、感到用起来最方便的工具，这也是制作皮革工艺的乐趣之一。另外，因为某些制作者会使用不在此处介绍范围内的工具，所以若是想做出近似的款式或质感，便需在制作时另行准备该部分的工具。此处所介绍的并非全为必备工具，不过属于最低限度的必备工具以及持有会较方便的工具，会特别标上右侧的"BASIC TOOL"标章。有关各工具与作业的基本技术请参考本书 P162~P166 的详细解说！

BASIC TOOL 标章

表示各作业流程中，最基本、最低限度的必备工具。虽然并非一定要持有相同的款式，但若能备齐应该会较为方便。

① 裁 切

裁切皮料时的必备工具。美工刀、剪刀、换刃式裁皮刀（别裁）等，可选用自己顺手的工具，但最基础的工具为裁皮刀（革包丁）。除了皮料之外，纸型与缝线等有时也需要进行裁切，因此即使持有各种不同的工具，应该也不会有用不到的情形。

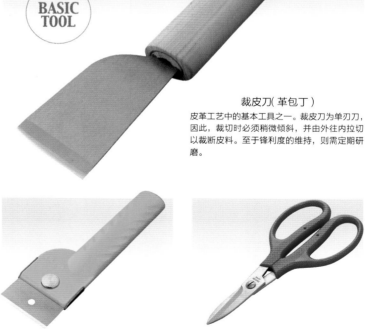

BASIC TOOL

裁皮刀（革包丁）
皮革工艺中的基本工具之一。裁皮刀为单刃刀，因此，裁切时必须稍微倾斜，并由外往内拉切以裁断皮料。至于锋利度的维持，则需定期研磨。

美工刀
最适合切割直线的工具即为美工刀。较具厚度的皮料只需分成数次切割，便能切出漂亮的零件。

换刃式裁皮刀（别裁）
OKFA 社的别裁为换刃式裁断工具，且获得了初学者及专业人士等广大使用者的热爱与支持。上下两侧皆有刀刃，因此只需上下翻转便能换成新刀刃。

皮革用剪刀
剪裁皮料用的剪刀。适合剪裁薄质皮料（使用裁皮刀容易被拉伸）或进行精密的细部剪裁。

② 设 备

此处要介绍的是在进行皮料裁切、凿孔等作业时必需的设备。当然，若能备齐各种设备类工具会较为方便，但建议在进行皮革裁断时必须铺上塑胶板等底垫。另外，因为在凿孔时必须于皮革下方垫上硬质物品，所以若能使用橡胶板，应该会比较方便。

BASIC TOOL

塑胶垫

在使用革包丁、别裁、美工刀等工具进行皮料裁断时，铺于下方的塑胶制底垫。塑胶垫有各种尺寸，基本上只需配合作业空间选购即可。

切割垫

使用方法与塑胶垫相同，价格较为便宜。但是使用塑胶垫较能够深入刀刃。

胶 板

使用菱斩或圆斩于皮料上凿孔时使用的硬质底垫。胶板的材质比塑胶垫硬，同样也有各种不同的尺寸。

地 垫

用以吸收敲打菱斩等工具时发出的噪声。需要垫于胶板或大理石下方使用。

大理石

可更确实传导敲打力量，且因重量、硬度足够，所以能使作业稳定进行。使用时需于最下层铺上地垫，接着再铺上大理石与胶板。

③ 敲打·加压

敲打菱斩或圆斩等工具时需使用到木锤或是手工胶锤。有些人也会使用铁锤作业，不过铁锤虽然较容易传力，但有时也会容易伤到工具本身，因此，需要视个人喜好变换使用。另外，用于压着及制作折线的推轮与铁钳虽非不可或缺的工具，但若能备齐，应该可以提升作业的效率。

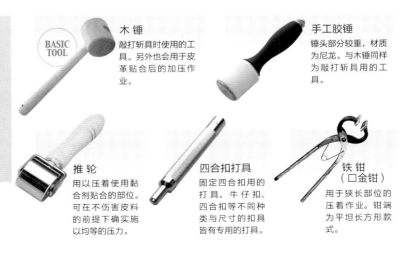

BASIC TOOL

木锤
敲打斩具时使用的工具。另外也会用于皮革贴合后的加压作业。

手工胶锤
锤头部分较重，材质为尼龙。与木锤同样为敲打斩具用的工具。

推轮
用以压着使用黏合剂贴合的部位。可在不伤害皮料的前提下确实施以均等的压力。

四合扣打具
固定四合扣用的打具。牛仔扣、四合扣等不同种类与尺寸的扣具皆有专用的打具。

铁钳
（口金钳）
用于狭长部位的压着作业。钳端为平坦长方形款式。

④ 画线

此处介绍的工具为用以在皮料上标示裁断、凿孔与圆斩位置的工具。其中，用以拉缝线的间距规与边线器，以及将纸型转描至皮料上时使用的圆锥与银笔是不可或缺的工具。以上工具只需依照皮料的厚度与相对的状况选择使用即可。

间距规

用于在皮料上绘制线孔辅助线或标示记号的工具。旋转刻盘便可调整尖端的开合宽幅。使用时需先量出宽度，再将其中一支脚贴齐皮革边缘以进行画线。有大、中、小三种尺寸。

边线器

与间距规等同为画线用的工具。根据皮料的性质，有时也可代替装饰边线器拉出装饰线。

挖槽器

借由削去皮表以挖出沟槽状线条的工具。适合用于较厚的皮料或是想隐藏针脚的部位。另外，也可有效挖出削薄作业用的辅助线。

圆锥

用在皮料上标示记号、画线的锥子。凿孔时也会使用到圆锥，因此使用频率非常高！

银笔

可画出银色线条的笔。笔迹容易消失，因此可用以标示记号等。

铁笔

前端为圆球状的铁制标示工具。用于在皮料表面等标示记号等。

---

⑤ 凿孔

皮革工艺工具中最重要的应该就是凿孔用具了吧！用以凿取菱形线孔的"菱斩"与凿取扣具安装孔的"圆斩"等，皆为手缝制作上不可或缺的工具。各种斩具皆有不同的刃幅与尺寸，因此需配合作品灵活运用。

菱斩

凿取穿针线用孔的工具。如其名所示，可凿出菱形孔。不同刃幅的菱斩所凿出的线孔间距皆不相同，而刃脚数也有单脚至十脚等各种款式。

圆斩

用于凿取圆孔的工具。用于凿取四合扣或固定扣等扣具的安装孔。另外也有椭圆形和星形等款式。

菱形锥

尖端为菱形的锥子。与菱斩同为凿取线孔用的工具。通常会用于贴合后难以用菱斩凿孔的部位，或是扩大菱斩所凿出的线孔。

⑥ 贴合

贴合皮革时使用的黏合剂大致上可分成聚醋酸乙烯系（醋酸乙烯树脂）、合成橡胶系与天然橡胶系。此三系胶类的使用方法与成品质感皆不相同，因此必须依照需求变换使用。当理解了各胶剂的性质后再加以灵活运用，作品呈现出的质感便会大不相同。

上胶片

树脂制刮刀，适用于醋酸乙烯系和合成橡胶系黏合剂的上胶作业。市面上有不同幅宽的上胶片。

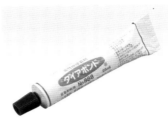

合成橡胶系黏合剂（强力胶）

涂于需贴合的两面，待其呈半干燥状态便可贴合。贴合后无法调整位置，因此作业时要多加留意。

天然橡胶系黏合剂（生胶糊）

黏性较弱的天然橡胶系黏合剂，适用于暂时固定与贴合内里等。

BASIC TOOL

醋酸乙烯系黏合剂（白胶）

延展性佳的醋酸乙烯系水溶性黏合剂。涂于两侧的贴合面后，要趁干燥前进行贴合。贴合后可调整位置，干燥后涂抹胶剂的部分会产生延展性。

⑦ 整理侧边

侧边即为皮料的切口处。植鞣革的标准处理方式为"磨整修饰"。在进行磨整前若先将侧边整理成漂亮的圆弧形，便可提升作品的美感度，同时也能增加皮革的强度。基本的整理流程为先以削边器将边角削成圆弧形，再以研磨片等研磨工具做进一步的整理修饰。

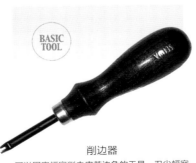

BASIC TOOL

削边器

可以固定幅宽削去皮革边角的工具。刃尖幅宽具有数种尺寸，要视皮料厚度加以选用。不可使用于较薄或较柔软的皮料。

锉刀

用以整理贴合后的侧边段差，或将侧边修整成形的工具。图片中的工具称为研磨片，为皮革工艺专用的研磨工具。

三角研磨器

比研磨片粗糙，因此适合用于磨整数张皮革重叠后所形成的特厚侧边。另外也有半圆形款，可视处理部位变换使用。

⑧肉面层、侧边磨整

某些皮料背面的肉面层与切口的侧边很毛糙，必须进行磨整。此时，需使用专用仕上剂进行作业。作业时需先于肉面层与侧边上涂抹仕上剂，再用玻璃板、木制磨边器或帆布等工具磨整。

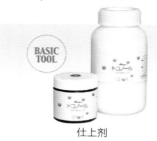

仕上剂

涂于皮料肉面层与侧边，再进行磨整，便能抑制毛糙、保护皮革。仕上剂有液状、粉状等各种种类，也有可做出亮面树脂涂膜的成膜剂。

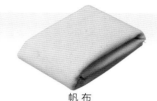

帆布

磨整肉面层与侧边用的工具。使用时需要一些技巧，但习惯后便会得心应手。

玻璃板

因磨整范围较宽，所以适合用于磨整肉面层。玻璃板边缘呈圆弧状，因此可在不伤及皮料的情况下进行作业。

双面胶

用以在贴合零件时先做暂时性的固定。多使用细双面胶。

木制磨边器

以摩擦方式磨整肉面层与侧边的木制工具。也可运用于压着等其他作业中。

⑨ 手缝

手缝作业中，必须将针线穿过以菱斩凿出的线孔以便对零件进行缝合，但若是缝线未擦入线蜡便会因为摩擦而断裂。因此，手缝线在使用时必须先擦入线蜡。不过，市面上也有贩卖已上蜡的缝线。另外，若持有称为固定夹的手缝专用夹台，也会较方便作业。

线蜡

线蜡的主成分为蜜蜡。将线蜡擦入手缝线中便能保护缝线，防止毛糙、磨断与针脚散开。

固定夹

将作品夹于上端即可形成便于缝合作业的环境。固定夹有各种大小尺寸，选择方便使用的款式即可。

针

手缝用针。有各种不同粗细与长短的款式，需要配合缝线的粗细与皮料厚度选用。

缝线

图片中为最具代表的麻线。其他还有原本就已经上蜡的麻线，以及尼龙制的 SINEW 缝线等，市面上的缝线亦有多种丰富的颜色可供挑选。

〈缝线擦蜡〉

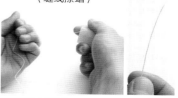

将缝线压于线蜡上再轻轻拉动，擦至右侧图片中可直立的程度。

作品详解

由此篇开始便要实际介绍长皮夹的制作方法。虽然一概统称为长皮夹，但是每件作品皆散发着独特的个性。每款皮夹制作的方法不同，使用的工具和缝合的顺序也都不尽相同。虽然皮料、工具与技术或许很难完全仿照，但只要细心地依序进行作业，定能做出拥有自己风格的皮夹。

Simple Wallet

简易皮夹

此为基本款的手缝长皮夹，
整体设计细长纤瘦，
不仅突显皮革质感，
而且确保了实用性！

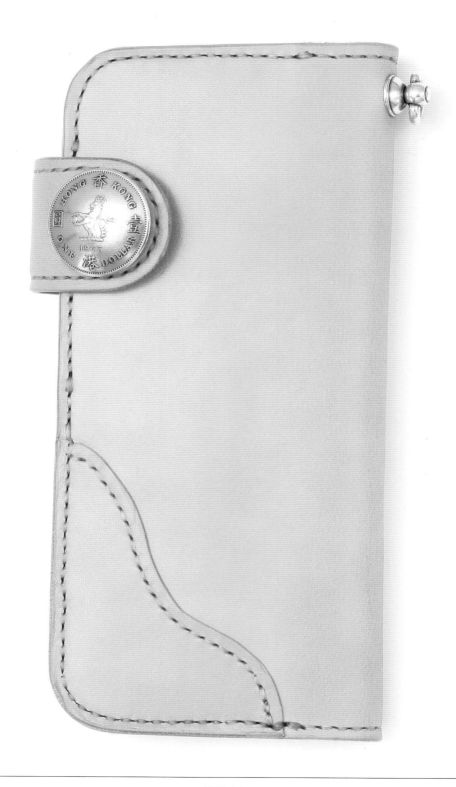

原尺寸大

零钱袋开口为拉链样式。后方则夹入 1 片零件以增加钞票夹层。名片夹部分采用重叠安装零件的方式以扩充大容量。主体部分使用牛仔扣扣合固定，舌扣正面更换装饰扣。

制作简易皮夹

制作：柿沼浩史（革工房 Reno Leather）　摄影：小峰秀世

　　完全使用基础技法制成的最简洁的皮夹，可谓学习"手工缝制皮夹"的最合适的作品！接下来便要动手制作，推荐初学者将此款皮夹当作首次制作的作品。虽说皮夹属于小物件作品，但相对来说零件数较多，且必须进行侧边磨整与手缝等作业，初学者可以学习到相当多的技巧。因此，无须急着在首次制作时便将每个步骤做到完美，最重要的是必须将处女作制作成形！此作品需要先分别制作附拉链的零钱袋、重叠相同形状零件后制成的名片夹，以及装有简单装饰零件的主体等3个主要零件，接着再将此3个零件组合成一体，便完成了皮夹的制作。以上即为该作品的基本制作流程，希望各位能够在作业中加以确认。

　　或许有些人会觉得专门用来学习基础技术的作品缺乏趣味，因此，在此特别加进了数个较具特殊性的重点！首先，为了彻底体现"简易性"，必须依照部位调整缝线的粗细，使整体呈现出简洁、纤细的形象。其次，若为了简化制作而牺牲实用性，作品便会了无生趣，因此特意采用大容量7层名片夹设计！最后，为了避免看到肉面层，所以于主体内侧贴上里革，此也为制作重点之一。

制作的重点

零件的基本组合方法

首先必须掌握皮夹制作的流程——先分别制作出零钱袋、名片夹与主体，再将其组合完成。但因为主体内侧贴有里革，所以重点在于各内部零件不可直接与主体贴合，必须先贴好里革后再与表侧零件组合。虽然并非全部的皮夹皆按此顺序制作，但若能够学会基础方式，以后便可灵活运用。因此，此作品可谓是最适合用来了解手缝皮夹制作方式的作品。

调整 SINEW 线的粗细

此作品中所使用的 SINEW 线为皮革工艺专用手缝线，可分撕成数条较细的缝线。此作品的内部零件使用 1/3 粗的缝线，其他部分皆使用 2/3 粗的缝线。虽然缝线的粗细必须考虑到与线孔大小及间距的平衡感，但单从缝线来说，使用细缝线可使针脚看起来较为精细。另外，菱斩建议使用间距较小（1.5mm 或 2mm 宽）的款式。

使用的工具

只要持有本书介绍的 Biscal 基础工具便可制作。但是，为了能够使线孔看起来较为细致，内文中亦会介绍如何活用凿孔工具"菱形锥"的技法。当然，此作品也可用菱斩制作，因此最好也备好菱斩。另外，因为使用的饰扣与吊环为螺丝款式，所以必须准备安装用的螺丝刀。

使用的皮料

全部使用原色植鞣革。此处为了打造出简洁、干净的外观，所以各部位的厚度皆必须进行调整。例如，主体部分需使用 1.5mm 厚的皮料，以便让零件较容易产生延展性。名片夹部分则必须避免贴合后产生厚度，所以需使用稍薄的 0.8mm 厚皮料，其余部分则使用 1mm 厚皮料。同时准备不同厚度的皮料会相当麻烦，但仅在口袋部分使用薄质皮料，作品的氛围便会大大不同。

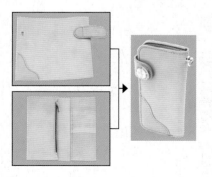

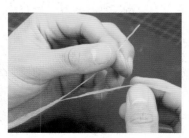

使用的零件

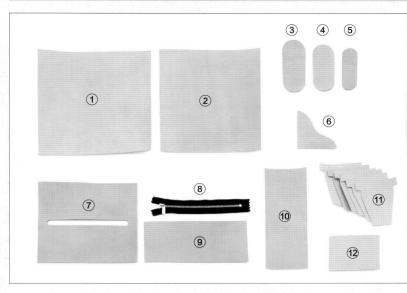

①**主体表**　②**主体里**（比主体表窄 5mm）
③**舌扣表**　④**舌扣里**（比舌扣表短 5mm）
⑤**舌扣芯**（夹于表里之间）　⑥**主体装饰**
⑦**零钱袋**　⑧**拉链**（使用 15.5cm 长的款式）
⑨**钞票夹**（安装于零钱袋后方）
⑩**名片夹底座**（名片夹的台座）
⑪**名片夹 A~F**（需重叠的口袋）
⑫**名片夹 G**（最下方的口袋）
⑬**饰扣**（直径约 30mm、螺丝式）
⑭**牛仔扣**（1 组）　⑮**吊环**（螺丝式）

制作的流程

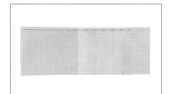

① 制作名片夹
一片一片地将名片夹零件贴于名片夹
底座上并缝合底部，最后缝合名片夹
左侧侧边即可。右侧边与上下侧需与
主体同时缝合。

② 制作零钱袋
自内侧将拉链贴于中央长形孔处并缝
合。接着对折，并贴合两侧与底部的
"П"形部分。与主体缝合时，需在
后侧夹入钞票夹。

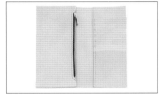

③ 组合内部零件
不可将两内部零件直接贴于主体表肉
面层上，必须先贴于里革的皮面层上，
因为零钱袋后方须夹入钞票夹零件。
注意里侧侧边不可贴合！

⑤ 组装整体零件
将贴上零钱袋与名片夹的主体
里与主体表贴合，并缝合全部
周边。接着于舌扣上安装牛仔
扣的母扣与饰扣，最后再磨整
修饰侧边，便大功告成！

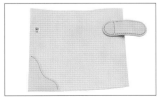

④ 制作主体表侧零件
将另外做成的舌扣、用以增添设计感
的装饰零件，以及牛仔四合扣的公扣
安装至主体表零件上。

裁切零件与前置作业

首先按照纸型仔细地裁下全部的零件并标上记号。接着磨整部分的肉面层与侧边。

01 ◀ CHECK!

将纸型置于皮料上并沿着周边转描出轮廓线。完成后再沿着线条裁下全部的零件。

02

于各零件上标出纸型中标记的记号点。内部零件的安装位置为距上方边缘28mm处。谨慎起见，使用量尺测量，以找出正确位置。

03 ◀ CHECK!

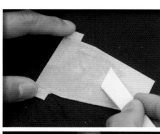

于各零件的肉面层上涂抹仕上剂，再以玻璃板打磨至光滑。不过，贴合后肉面层会藏于内侧的"主体表／里""舌扣表／芯／里""主体装饰"等零件则无须磨整。

04 ◀ CHECK!

接着要处理组装后便无法进行磨整的侧边。同样涂上仕上剂后再以磨边器等工具磨至光滑。若切口不够平整，则要适当地使用研磨工具磨整。需要磨整的侧边为"名片夹A~G"的开口侧、"钞票夹"的开口侧，以及"主体装饰"的内侧（曲线部）。

POINT!

事先磨整侧边

在制作皮件时，某些侧边在组装零件后便无法进行磨整作业。因此，除了故意设计成无须磨整的样式之外，皆须仔细思考各零件是否需要在组装前先进行侧边磨整以便进行作业。希望各位能够通过此简易皮夹的制作，找到多零件皮夹的独特制作流程的感觉。

POINT!

磨整肉面层时需略过贴合范围

贴合皮革时必须让黏合剂适当地渗入皮料中以发挥出本身的黏性，因此原则上贴合面必须为粗糙状态。肉面层因为容易渗透，所以可直接贴合，但若经过仕上剂磨整后便会失去黏固性。因此，此处的小技巧便为在磨整肉面层时，略过已知需贴合的部分以便进行贴合作业。即使不小心对贴合部施以了磨整作业，也只需再次磨粗便不会妨碍作业。不过，最好还是将此技巧视为重点记于脑海中。

制作名片夹

将名片夹 A～G 贴至名片夹底座上。完成后缝合左侧边，并磨整修饰侧边边缘。

01

将 T 字形的名片夹零件对齐安装位置并贴至底座上，再于底部上标记号。

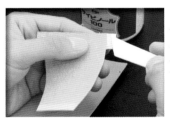

02

于口袋零件两侧的突出处及底部约 5mm 处涂上黏合剂。底座上相对的位置也需涂上黏合剂。

03

对准安装位置贴上零件并用力加压。

04

因需在贴上下一片零件前先缝合底部，所以需画出距离侧边约 3mm 宽的缝线。

05

使用菱斩于步骤 **04** 的缝线上凿出线孔。

POINT!

活用菱形锥

虽然可以用木锤敲打菱斩直接凿开线孔，但此作品需要缩小线孔，所以先以菱斩轻轻压出记号，再以菱形锥贯穿以凿出线孔。小线孔搭配上细缝线，便能使针脚呈现出细致的感觉。

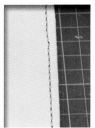

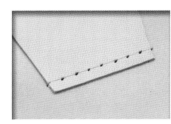

06 ◀CHECK!

已凿出线孔的状态。口袋零件的两侧外各需钻出 1 个线孔，线孔需调整成等间距排列。

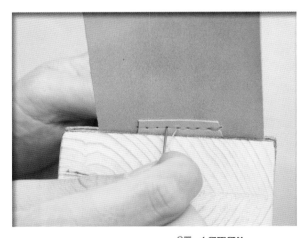

07 ◀CHECK!

使用分撕成1/3的细线缝制。此处的针脚若不够平坦，重叠于其上的零件便会产生凹凸，所以必须尽可能地避免过于显眼。

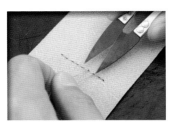

08

缝至另一端后需返缝数个针脚再由背面穿出缝线。SINEW 为化学纤维材质，可以火烧固定，因此需保留 2mm 长，再剪去多余的缝线。

09

将打火机的火慢慢靠近线头将其烧熔，并趁软化时压扁结尾。要注意不可在步骤 08 中留下过长的线头，以免形成团块。

10

根据前页步骤 07 中的理由，此处需尽量压平针脚。可利用菱形锥等工具的柄头加压。

POINT!

两端须重复缝 2 次以做补强

因口袋底部两侧跨缝于两端的针脚较需承受重力，所以必须重复缝 2 次以做补强。此步骤虽非必做重点，但因为口袋在重叠后针脚便会隐藏于内侧，为了避免皮革在内侧破裂，所以事先做补强会较为安心。

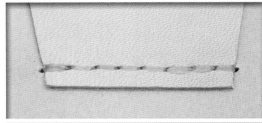

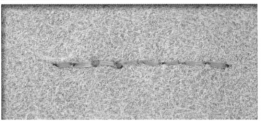

11 ◀CHECK!

将第 2 片零件贴齐于第 1 片零件的下方，并以相同的方式贴合。此处的作业重点为妥善重叠 T 字形两侧凸出的部分。如此一来，即便重叠多片零件也不会使侧边产生厚度。以相同方法安装上 A~F，共 6 片名片夹零件。

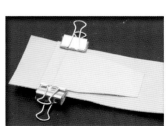

12

在缝合底部时建议以垫上保护革的铁夹夹住两侧至黏合剂完全干燥，以免两侧皮革剥落。

13

需于最下方的名片夹零件 G
两侧与底部涂上黏合剂。

14 ◀CHECK!

将名片夹 F 底部贴齐并仔细
加压使其黏紧。完成后需于
周边夹上铁夹以固定，待黏
合剂完全干燥后再取下。

POINT!

修正最下方的口袋误差

虽然纸型上的尺寸为名片夹 G 底部会刚好重叠于
底座边缘上，但在重叠贴合的过程中有时也会产生误差，所以此处便要来介
绍两种防止误差的方法。若仅是略为凸出，便只要如下侧图片
中将凸出部分裁掉即可，因此名片夹 G 的零件可裁得比纸型
略长。或者可以先将全部的口袋做暂时固定，以事先标出各口
袋正确安装位置的记号。

15 ◀CHECK!

名片夹只需整理左侧（图片中
朝下的部分）侧边。使用研磨
工具磨平段差，再以削边器
削去边角修成弧形。

16

因名片夹 A~G 零件只需缝合
左侧，所以需要在左侧画出
3.5mm 宽的缝线。

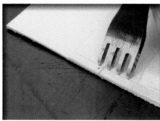

17 ◀ CHECK!

凿线孔时，必须避免凿于各零件的边缘上。名片夹 A 的上侧边缘需将一只斩脚跨至外侧（上方图片）。接着将菱斩均等地跨于 A 与下方口袋分界线的两侧，以找出线孔位置（下方图片）。较难使用四菱斩进行作业的部分可换用双菱或菱形锥调整间距。

18

与前方相同，标出线孔位置记号后再使用菱形锥钻出线孔。

19 ◀ CHECK!

左侧最下方的线孔不可与外侧针脚（之后需与主体贴合并缝合的部分）重叠。因此名片夹底部也需画出缝线，而左侧边的缝合尾端即位于此线上。凿取最终线孔时要使用圆锥而非菱斩！

20

自上侧边缘往下依序缝合。由上往下缝合可让起针与结尾处较不明显，同时也可补强上端的部分（起针处较耐磨）。

POINT!

分界线处需重复缝 2 次以做补强

与缝合口袋底部时相同，需在皮革的两侧重复缝 2 次以做补强。因此部分会因取放名片而经常受力，所以必须进行补强作业。各部位的补强需求性皆不相同，因此建议在制作时想象使用时的情形，并加以判断。

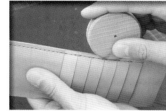

21

按照研磨工具修整、使用仕上剂磨整的顺序修饰左侧侧边。其他三边则需待与主体缝合后再加以修饰。

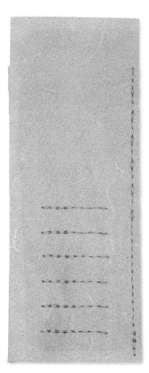

制作零件袋

将拉链缝至零钱袋上的长孔后，便需将其对折以做成袋状。此处还不用缝合周边。

01

磨整长孔内侧的侧边。

02

沿着长孔画出 3.5mm 宽的用以缝合拉链的缝线。

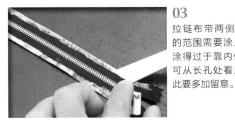

03

拉链布带两侧各约 5mm 宽的范围需要涂上黏合剂。若涂得过于靠内侧，贴合后便可从长孔处看见黏合剂，因此要多加留意。

POINT!

如何将拉链贴于正确的位置上

将拉链贴至长孔上时，齿链部分偏离、弯曲便会影响到外观且不方便使用。因此贴合时要先将拉链拉直并置于下方，接着放上皮革零件并确认位置是否均衡后再贴合，如此便不容易发生偏离的情况。

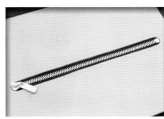

04

将拉链贴于长孔上，使上止与下止完全收纳于长孔中。如图所示，纸型上的尺寸只需使用 15.5cm 的拉链，上止与下止便可刚好收于长孔的两端。

05

于前方画出的缝线上凿出线孔。首先以双菱斩压出圆弧处的线孔位置，接着再以其为基准压出直线部分的线孔位置。

06

压出线孔位置后，便可使用菱形锥（也可使用菱斩）凿出线孔。

07 ◀CHECK!

缝合长孔时需自两端开始起针，如此一来，起针与结尾时的线头便会较不明显。另外也需注意，缝合时必须确实压住背面的拉链带头并一起缝合。

08

依序缝合整圈线孔。

09

结尾收线后，便可剪去缝线外多余的布带。切口处须使用打火机轻轻烧熔使其凝结，以防止线头绽开。

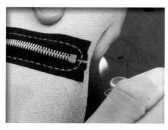

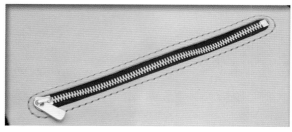

10 ◄ CHECK!

缝合完成的状态。为了方便以右手拉动拉链，所以在闭合的状态下，拉头位于左侧的面即为表面。安装拉链后，请务必先确认零钱袋的表面。

11

沿着肉面层的四周涂上约5mm宽的黏合剂。

12

对折零钱袋。对齐边缘及四角并慢慢贴合，完成后要仔细加压使其黏紧。

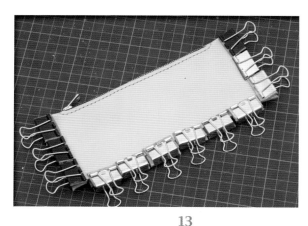

13

此部分将在后面的步骤中与主体同时缝合，因此待黏合剂完全干燥后便算完成作业了。使用铁夹等工具暂做固定便可避免贴合部分移位。

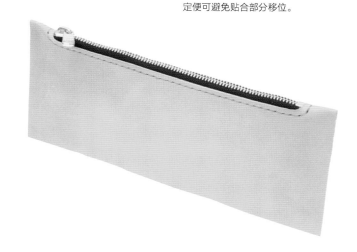

制作舌扣

为了增加舌扣的强度与美观，必须于表里零件中夹入芯材做出厚度。此步骤的重点在于，中央芯材部分必须向外鼓起。

01

于舌扣里与芯材的肉面层涂抹黏合剂，并将芯材贴于中央。芯材的皮面层也需进行贴合，所以必须事先磨粗。

02

接着再涂上一层黏合剂。将舌扣表零件自底端（纸型上标有缝合线侧）对齐贴合。

03 ◄CHECK！

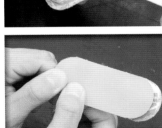

因舌扣为以弯曲状态使用的零件，所以贴合时需同时向内弯出弧度。若弯折弧度过大会在反折时产生褶皱，因此图片中的缓弧为最佳弧度。

04

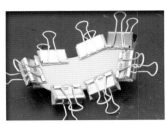

使用铁夹等工具做暂时固定，等待黏合剂完全干燥。

05

因舌扣表零件的尺寸较长，所以即使在贴合时做出弧度应该也不会发生长度不足的情况。相反，若有凸出的情况，便须裁掉多余的部分。

06

整理舌扣周围的侧边。先以研磨片削除段差，再以削边器将边角修圆。

07

沿着表侧周边画出 3.5mm 宽的缝线。此时须用力压出缝线痕迹，以便让夹有芯材的中央部分鼓起。使用间距规时若用力过度会伤及皮革，所以此处建议使用边线器。压出缝线后便可在线上凿出线孔。

08

于距离底端 25mm 处画出与主体缝合用的缝线。虽然纸型上已经标出此线，但是为了谨慎起见，此处依然要使用量尺测出正确距离，再画出准确的缝线，避免线条画歪，导致零件装斜。

09

于与主体缝合用的缝线上凿出线孔。要进行调整，不可与外周线孔过近。

10

舌扣零件同样要在之后安装零件的步骤中与主体缝合，所以此处只需将周围的侧边磨整完成后便可告一段落。

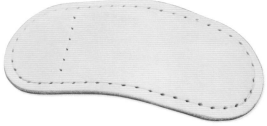

贴合内部零件与主体里零件

因主体部分需加贴里革（主体里），所以必须先将零钱袋和名片夹贴于里革上以完成内部零件。

01

名片夹中，除了前方步骤中已经缝合的左侧边之外，其余三边皆需涂上黏合剂并贴于主体里零件上的其中一侧。主体里零件略呈长方形，因此贴合时需留意长边为纵向部分。

02

名片夹的另一侧需贴上钞票夹。注意面向内侧的侧边也同样不可进行贴合。

03

零钱袋的贴合部位为背面左右两侧及底部边缘，因此此 3 处必须先进行磨粗。

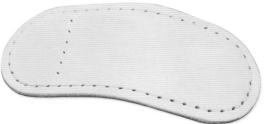

04

于磨粗部位涂上黏合剂。

05
零件袋与钞票夹的尺寸相同，因此贴合后其边缘会完全重叠。完成后要以铁夹暂做固定，等待黏合剂完全干燥。

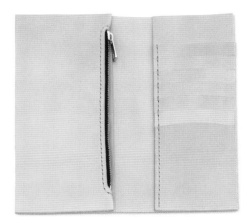

POINT!

主体零件不贴里革时

即使主体零件不加贴里革，在整体构造上也不会形成任何问题，同样也可以制作成皮夹。在此情况下，只需将内部零件直接贴于后面步骤中制作的主体表零件的肉面层上即可。不过，若使用原指定厚度的皮革可能会产生因延展性不足而导致耐用性下降的情况，所以建议使用稍微厚一点的皮料（约2mm）以取得平衡。另外，不贴里革时主体零件的肉面层会露于外侧，因此不可忘记事先以仕上剂磨整修饰。

加工主体表零件

安装装饰零件、牛仔扣、舌扣至主体上。主体零件略呈长方形，因此要注意纵横方向。

01
于装饰零件上的曲线部分画出缝线。

02 ◀ CHECK!
与P026步骤19相同，画缝线时需止于缝份上。缝线与边缘间需保留缝份空间，不可让缝线两端与外侧针脚交叉。

03
将装饰零件贴于主体表零件的左下角，并沿着步骤02中画出的缝线凿出线孔。两端最初与最终的线孔则要使用圆锥凿孔。

04
自最初线孔缝至另侧的最终线孔，完成后便可收线结尾。

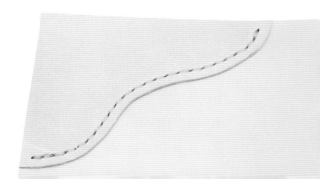

05

用圆斩于纸型上标示为"牛仔扣安装位置"处凿取圆孔。中尺寸牛仔扣建议使用 10 号（直径 3mm）圆斩，大尺寸牛仔扣建议使用 12 号（直径 3.6mm）圆斩。

06

自肉面层将牛仔扣"底座"扣脚穿过凿开的圆孔，并将其置于金属打台平面上。

07

将牛仔扣的公扣装于自皮面层穿出的底座扣脚上，接着使用专用打具（符合扣类尺寸的款式）将扣脚开花，确实将扣具安装至主体上。

08 ◀ CHECK!

磨粗舌扣背面的贴合部位（缝合线外侧的范围）及主体侧相对的部位。注意磨粗部位不可超出至外侧。

09

涂抹黏合剂并贴上舌扣。作业时需充分注意位置及方向，以免舌扣位置歪斜。

10

缝合线外侧的线孔需使用菱形锥贯穿至主体内侧。也可使用菱斩作业。

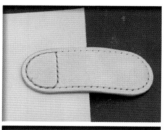

11

首先缝合主体与步骤 10 中所贯穿的线孔（上方图片）。完成后再缝合剩余的线孔（下方图片）。至此便完成了主体表零件的制作。

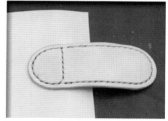

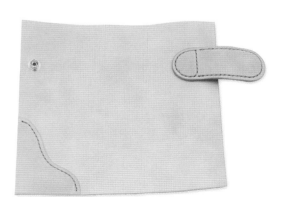

缝合主体表里

贴合主体表与主体里的肉面层并进行缝合，完成后再安装饰扣与吊环。最后对四周侧边进行磨整修饰即大功告成！

01
主体表与主体里两片零件的肉面层皆需整面涂上黏合剂。

POINT!

于大面积零件上涂抹白胶时

天然橡胶系与合成橡胶系黏合剂需在半干燥状态下贴合，因此无太大的问题。但是在使用白胶（醋酸乙烯系黏合剂）涂抹大范围面积时，黏合剂较容易在涂抹作业中干燥，为了防止此种情况发生，必须使用喷雾器等工具在黏合面上喷洒水分。如此一来便可减缓黏合剂的干燥速度，大面积的涂胶作业时间也很充足。不过，若水分过多使皮革湿透，便会产生皮革收缩扭曲的情况，因此只需喷洒至沾湿的程度即可。

02 ◀ **CHECK!**
对齐名片夹侧的边缘，并由此侧开始贴合。接着于中央折叠处略为弯折，并沿着弧度贴合至另侧边缘。弯折时，若弧度过小会导致外翻，产成褶皱，因此要做出如图片中的缓弧。

03
仔细加压后需使用铁夹等工具固定以防止位置偏离，待黏合剂完全干燥后即可取下。

04
主体表零件因考虑到需弯折贴合的部分，所以在最初设定时便比里零件大，因此若有凸出的剩余边缘裁掉即可。

05
将4个角裁成圆弧状。使用圆圈尺等工具画出直曲线，并沿着该线裁切即可。若手边无圆圈尺，也可利用身旁既有的圆筒状物品绘制，例如喷剂罐的底部等。

06
用三角研磨器修整贴合后的四周侧边。裁切成圆弧状的四角也需修整成圆滑的弧形。

07

在内侧沿着主体周边画出一圈缝线。此处缝份必须取 4mm 宽，以便与重叠多层皮革后产生厚度的侧边取得平衡。

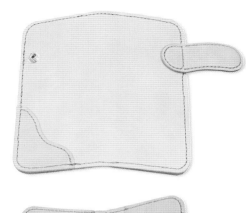

POINT!

凿取线孔，须避开段差和分界线及内部零件的针脚

此处原本想自外侧凿孔（表面针脚较容易缝得漂亮），但因为零件上有多处段差与分界线，所以必须自内侧凿孔以调整间隔距离。名片夹零件上的分界处需以相同的方式作业（上方图片）。

凿取由内部零件和主体所形成的段差部分的线孔时，需避开段差并使其与内部零件针脚最外的侧线孔重叠。另外，此步骤的重点为需使用圆锥贯穿线孔，以免使用菱斩或菱形锥贯穿已缝合的线孔时使缝线受损。

08

确定位置后便可凿开线孔。

10

找出舌扣上饰扣的安装位置。虽然设计上已大概有既定的安装位置，但为了慎重起见，还是需将饰扣置于舌扣上以找出最美观的位置。

09 ◀ CHECK!

使用 2/3 粗的 SINEW 线缝合主体四周边缘。舌扣部分空间较狭窄，因此要小心避开以进行作业。

11 ◀ CHECK!

确定安装位置后便需使用圆斩凿取圆孔。为了能够凿出正好符合饰扣内侧扣脚尺寸的圆孔，必须事先确认圆斩的尺寸。若手边无整套尺寸的圆斩，可在购买饰扣时一并购入。

12

将饰扣里侧的扣脚穿过圆孔，接着装上牛仔扣的母扣并用螺丝刀拧紧固定。

POINT!

吊环的安装位置

除了在想加装皮夹链的情况下会安装吊环之外，吊环本身也可单纯当作装饰品。当然，是否安装吊环完全取决于个人的嗜好，因此可自由选择安装或不安装。但是从强度与实用性等角度来看，安装位置多会设于主体上方的中央处（如图）或是舌扣底缘的附近。

POINT!

牛仔扣与所用饰扣的注意事项

在皮夹制作中会经常使用到于饰扣里侧加装牛仔扣的方法。此处注意饰扣必须为螺丝款式，而所附螺丝的尺寸则要能够完全收整于牛仔扣之中。若螺丝头过大则可能会发生螺丝卡于四合扣上而无法进行安装的情形。

14

最后对主体四周侧边进行磨整，便完成了简易皮夹的制作！

13 ◀ **CHECK!**

于中央距上方约 15mm 的位置以圆斩凿出圆孔，并安装上螺丝式吊环。圆孔尺寸要符合吊环螺丝的直径。

　　此次的作品为样式简单且具有潮流感的手缝皮夹。担任此作品设计与制作示范的老师即为在千叶县大网白里市内拥有个人店面"Reno Leather"的柿沼浩史先生。

　　上方图片中的作品题材来自老师本人的兴趣——冲浪。看得出来是什么吗？冲浪爱好者应该能够立刻反应过来，其实此作品是用来收纳安装于长板底部的舵板的皮制携带包。由榔皮营造出的旧物感与狂野的海洋氛围有种绝妙的协调感。

　　"Reno Leather"内除了有此类较特殊的单品之外，亦有各式皮制小物与首饰等商品。此店也有提供客制化的订制服务！对活用皮革天然质感制作出自然风皮件有兴趣或是热爱海洋的读者们，"Reno Leather"绝对值得一试！

Reno Leather

Reno Leather 制作的皮件小物。大胆地以鞣革包裹制成的资料板夹会随着时间流逝产生经年变化，渐渐呈现出焦糖般的黄褐色。右下方为较罕见的皮制磁式钞票夹。其他则为智慧型手机套、印章垫、大蝴蝶结发圈等各式各样的单品。除此之外，此店亦有提供订制服务。

[制作者]

柿沼浩史

SHOP DATA

革工房 Reno Leather
千叶县山武郡大网白里市南饭塚 440-8
电话：080-4953-1173
营业时间：10：00~20：00
休息时间：不定休
网址：http://www.renoleather.jp
E-mail：reno.leathercraft@gmail.com
※ 访问时请提前预约。

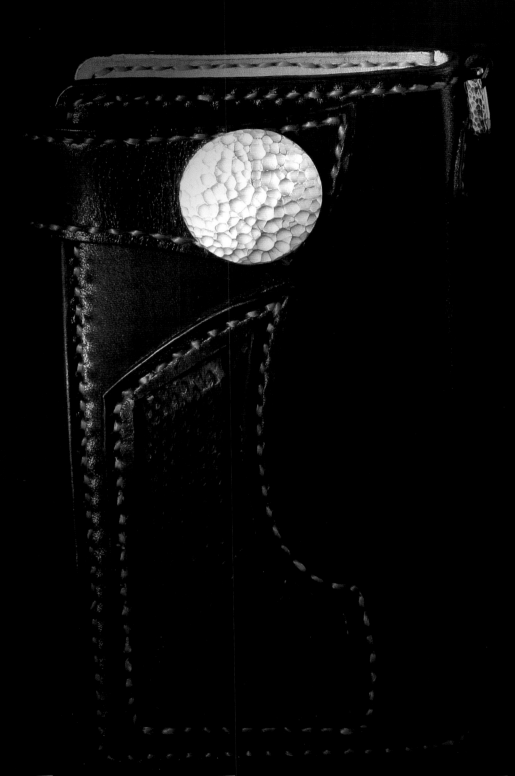

Light Biker Wallet

轻骑士皮夹

黑革加装黑蟒纹，打造冷男风格！
较易驾驭的"轻骑士风"皮夹，
也可轻松搭配非正规骑士衣装！

原尺寸大

搭配黑蟒镶嵌装饰，打造低调亮眼焦点。内部零件使用原色牛皮，营造强烈对比感。舌扣式零钱袋，无加装任何金属配件。特别订制简易款饰扣与 D 字环，以配合作品整体风格。

制作轻骑士皮夹

制作：户家健一（革工房 Clumsy Life） 摄影：关根统

骑乘美式重机车时放于后口袋的"骑士皮夹"，在手缝皮夹当中同样也属于特别具有人气的作品。当然，骑士皮夹的卖点即在于符合狂野骑士风格的粗犷设计，其散发着男人味的氛围吸引了相当多的爱好者，而最近许多人喜欢在平时也配用骑士风皮夹。因此本篇将介绍平日也能轻松驾驭的"轻骑士风"作品。此作品特意保留了骑士皮夹中的"饰扣"与"镶嵌"两大特性，并选用较为沉稳的配色及金属配件，营造出较轻松的骑士氛围。

使用于镶嵌的皮料通常为特殊皮料，此次作品选用的是黑蟒皮，并采用小面积设计，以避免过度张扬。镶嵌装饰的纸型可以简单地自由变化，因此也可依照个人嗜好缩小，甚至也可缩小至点状装饰的程度。此款皮夹在设计上采用饰扣（安装于舌扣上）及 D 字环（需以皮绳连接），选用造型简单的锤纹款，以便让整体呈现出雅致的风情。除此之外，在主体内部贴上猪皮里革，通过隐藏肉面层以抑制狂野印象。

整体构造上极为简单，左右侧拥有侧袋身，以舌扣固定翻盖的零钱袋部分。此部分的组装方法较为特别，因此制作时要多加注意！

制作的重点

嵌入小片黑蟒装饰

在黑色皮革上加装黑色蟒蛇皮，除了可以确实呈现出骑士皮夹的特征之外，也能取得沉稳的配色。此处采用最基本的镶嵌技法，熟习后便可自由发挥于各种款式的皮件上，为皮件增添不同的变化。可自行设计镶嵌用纸型，镶嵌面积小可营造出低调的风格。反之若使用原色蟒蛇皮制作大面积的镶嵌装饰，便能打造出充满狂野风情、更具骑士感的皮夹。

注意零钱袋的制作顺序

零钱袋主体和翻盖为同片零件。将此零件三折后于左右安装侧袋身，再将翻盖上的舌扣穿过袋身上用以固定舌扣的纽带即可成形。制作零件袋时需注意后方钞票夹的缝合顺序。因两零件的中央部分已缝合成"冂"形，所以零钱袋在完成后与主体组合的空间会变得较为狭窄而无法入针，因此必须采取先与主体预组的方式，再依序缝合。

使用的工具

只需于基础工具中加上用来安装饰扣的螺丝刀便可进行制作。此处使用的画线工具为挖槽器，但也可以用边线器或间距规代替。不过，使用挖槽器挖出的沟槽能完全收纳缝线，避免产生凹凸，可有效防止缝线因摩擦而断裂。因此对于需经常收放于口袋内的骑士皮夹而言，此制作方式可谓是颇具人气的方法。

使用的皮料

除主体里革使用较薄的猪皮之外，其余皆使用植鞣牛革。颜色上，外侧的主体、舌扣、镶嵌框、D 字环固定带使用黑色皮料，其余内部零件则使用原色皮料。在制作双色皮件时，建议准备同色染料以便将侧边染成相同的颜色。厚度方面，主体使用约 2mm 厚的皮料以便发挥出皮料的延展性；舌扣使用 1.7mm 厚的皮料；其余零件使用 1.5mm 厚的皮料。

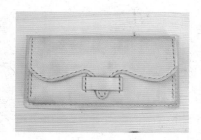

使用的零件

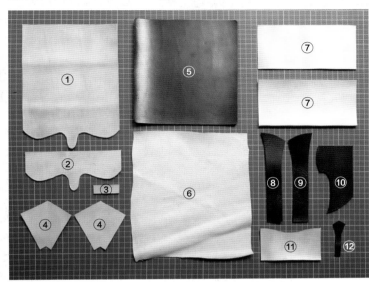

① 零钱袋　②零钱袋翻盖补强革（贴于翻盖里侧）
③舌扣固定带（安装于零钱袋袋身上）④侧袋身
⑤主体　⑥主体里（无纸型，裁切时需比主体大一圈）
⑦钞票夹　⑧舌扣表　⑨舌扣里（与舌扣表左右相反）
⑩镶嵌框　⑪名片夹（需安装于其中一片钞票夹上）
⑫D字环固定带（仅现有安装D字环时需要）
⑬饰扣（直径35mm左右、螺丝式）
⑭衬革（需装于饰扣内以垫高，无纸型）
⑮D字环（宽约12mm）⑯牛仔扣（1组）
⑰黑蟒皮（镶嵌用，尺寸需要比镶嵌框稍大）

制作的流程

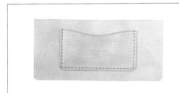
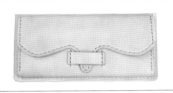

① 制作内部零件（名片夹与零钱袋）

将名片夹零件贴于一片钞票夹零件的中央并缝合。零钱袋则需于翻盖的内部贴上补强革并于两侧装上侧袋身。不过，若此时将零钱袋缝合成袋状，在之后缝合安装于后侧的钞票夹时，穿针的空间便会不足而难以缝制，因此，此时侧袋身的后侧还不可缝合。待与主体预组、找出钞票夹缝合位置并组合后再将零钱袋成形。

④ 组装整体

将零钱袋与名片夹侧的钞票夹贴于主体零件上并缝合全体零件。完成后再磨整侧边，并依喜好安装D字环，便可完成轻骑士皮夹！

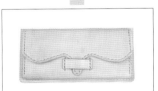

② 于已加贴里革的主体上安装镶嵌装饰与舌扣

组装镶嵌框与内里及蛇皮以做成镶嵌零件。接着须贴合舌扣并进行缝合（主体安装处以外的部分）再装上饰扣。最后只需将两零件安装至已加贴里革的主体上便完成主体的制作了。

③ 完成零钱袋

在组装主体与内部零件的过程中，便会确定出钞票夹与零钱袋的组装位置，因此需待其缝合后再缝制侧袋身，以便将零钱袋成形。

裁切与前置作业

裁切零件，并对部分肉面层与侧边进行磨整加工。染革侧边需配合皮面层的颜色染入染剂。

01
按照纸型裁出零件。主体里革需以粗裁的方式裁成可完全覆盖主体的大小。

02
于部分肉面层上涂抹仕上剂，并以玻璃板磨整修饰。请在右下方框栏内确认需要磨整的部分。

03
需要事先磨整的侧边在磨整前要先用砂纸修整。依照 #180 → #240 → #320 的顺序，以颗粒渐小的方式磨整侧边，便能有效地将侧边磨至平滑。另外，曲线部分则可使用三角研磨器等工具修整成平滑的圆弧。

04
使用削边器将边角修圆。

POINT!

于染革侧边擦入染料

染革侧边的颜色通常会比皮面层淡。虽然经过磨整后单宁会呈现较深的色泽，但有时会变得较为显眼。因此，建议在染革侧边涂抹比皮面层颜色略浓或是黑色的染料，如此整体氛围看起来会较为凝聚。

05
涂抹仕上剂并以木制磨边器等工具磨整以修饰侧边。

需事先磨整修饰的肉面层

- 钞票夹
- 舌扣固定带
- 侧袋身
- 零钱袋翻盖以外的部分
- 名片夹

需事先磨整修饰的侧边

- 零钱袋开口部分（翻盖对侧的侧边）
- 名片夹四边
- 钞票夹的开口部分（长边的其中一侧）
- 舌扣固定带
- 镶嵌框（需擦入染料）

安装名片夹

安装名片夹至其中一片钞票夹零件上。先将边角略为修圆并贴于中央，完成后再缝合底部与两侧。

01 ◀ CHECK!

下方两侧边角也可于磨整侧边前裁断并磨圆。不过要注意，不可磨得过圆，以免无法放入名片。纸型上亦有直角与圆角两种款式。

02

使用挖槽器画出接续3边的缝线（开口除外），缝份宽幅约为3.5mm。

03

于背面三侧边缘（画出缝线的部分）贴上约2mm宽的双面胶以做暂时固定。也可使用黏合剂，但贴合时注意不可让黏合剂流至外侧。

04 ◀ CHECK!

笔直地将名片夹贴于其中一片钞票夹零件的正中央。注意不可弄错钞票夹与名片夹的方向（两零件皆为磨整侧边侧朝上）。纸型上已标出贴合位置。

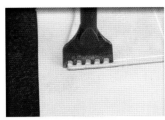

05

于缝线上凿出线孔。两端开口处皆需于外侧多凿开1个线孔并跨缝2次以做补强。

06

缝合名片夹。

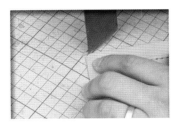

07

最后徒手将钞票夹下方两侧转角裁成半径约5mm的圆弧并轻轻修圆。请参考纸型上标示的圆弧。

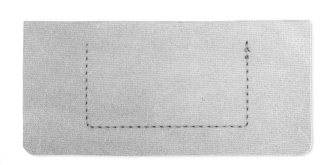

完成零钱袋前半部制作

安装翻盖补强革、侧袋身、舌扣固定带至零钱袋袋身零件上。因此处尚不可制成袋状，因此只需缝合单侧侧边即可。

01
贴合补强革与零钱袋翻盖。若翻盖肉面层已经过磨整，便要先磨粗，再涂抹黏合剂。

02
使用推轮等工具加压。

03
使用砂纸磨整贴有补强革处的侧边。

04 ◀CHECK!
于表侧的两侧标出补强革两端位置，以便自表侧画出连接补强革两端的缝线。轻轻以圆锥压出略能看见的记号即可。

05
使用挖槽器画出连接步骤 **04** 中所标记号的缝线。

06
凿取线孔。首先使用单菱斩于舌扣尖端凿开基准线孔。接着由此孔向左右依序凿取线孔。需稍做调整使最终线孔落于步骤 **04** 的记号上。完成后便可使用缝线缝合。

07
缝合后需修整该部分的侧边。再次由砂纸开始进行，并依序换成磨边器等工具磨整。

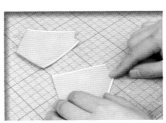

08

于侧袋身的两侧贴上宽约2mm的双面胶，以暂时固定侧袋身。

09

于零钱袋开口侧两端贴上侧袋身。注意不可弄错方向，对齐尖角后贴合。

10

画出缝线并凿取线孔。最终线孔需停于距离侧袋身底边约5mm的位置处。

11

开口侧需绕缝至外侧2次以做补强。缝合后，该侧边需进行磨整修饰。

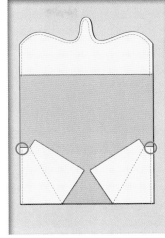

12 ◀ CHECK!

完成缝合后便会呈现左图所示状态。若将侧袋身底侧完全缝合，线孔便会压到零钱袋的弯折处而导致此处容易破裂。虽是小小的改变，却是提升皮件强度的重点所在！

13

使用铁夹固定侧袋身的内侧以完成预组作业。因尚无须缝合，所以注意不可涂抹黏合剂等胶剂。

14 ◀ CHECK!

于舌扣固定带两侧贴上双面胶并贴于零钱袋袋身侧。此时需实际折下翻盖以找出不紧不松、刚好可固定舌扣的位置。

15

于舌扣固定带的两端画出缝份约 3.5mm 宽的缝线并凿开线孔。上下两侧皆需向外各多凿出 1 个线孔。

16

缝合舌扣固定带。自中央线孔起针，缝至两端后返缝以缝出双重针脚（全体）。完成此处的制作流程后，需暂且移至主体组装的部分。

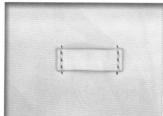

于主体上加装里革与镶嵌装饰

贴合主体与里革，接着将镶嵌用内里皮革与嵌框割离并与蟒蛇皮组合后再贴回并缝合。

01

于主体及主体里革的肉面层整面涂上黏合剂，接着将里革完全覆盖住主体并贴合。

02

在整面零件上加压，以免剥离。

POINT!

贴合里革后再进行裁切较容易裁出整齐的侧边

由于无法裁切出形状完全相同的主体表里零件，因此贴合后侧边总会产生段差。而只需先贴上粗裁的里革，再将刀刃贴齐表零件的侧边进行裁切，便能轻松裁出整齐的侧边。

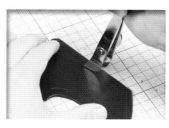

03

接着制作镶嵌装饰。使用设定成 9mm 宽的边线器或间距规沿着镶嵌零件周边画出一圈裁切线。可依个人喜好调整边框的宽幅。

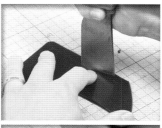

04 ◀ CHECK!

沿着步骤 **03** 的线条切割。曲线内侧较难以一般的裁皮刀切割而刃尖呈锐角的"斜刃"裁皮刀会较容易进行作业。

05

裁出边框。裁下的内侧部分即为内里（用以使装饰中央向上隆起的芯材）材料，请勿将其丢弃。

06

内里部分需缩小一圈。使用边线器（5mm 宽）沿着周边画出一圈裁切线，便沿着该线裁切。如此便可自中央撑起镶嵌用的蟒蛇皮，以做出向上隆起的山丘状。

镶嵌框

蟒蛇皮

内里

POINT!

观察蟒蛇皮纹路以选取使用部位

建议先制作镶嵌框，再自蟒蛇皮上裁下镶嵌用的零件。因为实际将边框置于皮料上观察，便可选出纹路分布最均匀的位置。需采用多少蟒蛇、皮背部大型鳞片的比例与方向等即为选取时的观察重点！

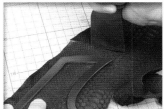

07

确定蟒蛇皮的使用位置后，以粗裁方式裁出较边框大一圈的零件。

08

将内里背面朝上置于蟒蛇皮肉面层上，以银笔等工具描绘出轮廓线，此部分即为贴合范围。此处注意贴合部位必须位于前方所选鳞纹的位置上！

09

磨粗内里皮面层，准备进行贴合。

10

于贴合范围内涂上黏合剂，并沿着步骤 **08** 中所绘轮廓线贴合。

11 ◀ **CHECK!**

将镶嵌框置于蟒蛇皮正面（内里需位于正中央）并转描出轮廓线。接着裁出比轮廓线小一圈（约 1mm）的蟒蛇皮零件，如此便可在重叠时完全隐藏其侧边。

12

磨整修饰镶嵌框的内侧侧边。

13

于镶嵌框的肉面层涂抹黏合剂并贴至蟒蛇皮上。注意鳞纹与内里的位置不可偏离。

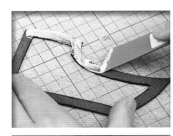

14

画缝线。宽度设定约为框幅的一半，如此缝线大致上便会落于镶框的中央。此处宽度设定为 4~4.5mm。

15 ◀ **CHECK!**

于镶嵌零件背面整面涂上黏合剂并贴于主体角落上。此时两侧边需保留约 10mm 的距离！主体为长方形，因此注意不可弄错方向。

16 ◀CHECK!
于缝线上凿开线孔。先以双菱斩或单菱斩于顶点及转角处凿出基准点孔。

17
缝合镶嵌零件。需于较不显眼的下方转角处起针和结尾。

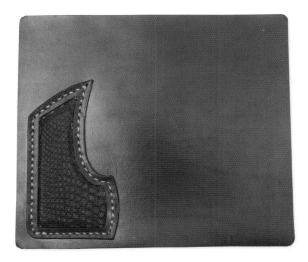

制作舌扣
以弯曲状态贴合表里舌扣零件并进行缝合,完成后磨整侧边修饰。最后再安装上饰扣及牛仔扣。

01
于舌扣零件的肉面层上涂抹黏合剂。

02 ◀CHECK!
对齐安装饰扣侧的尖端并贴合,贴至中央附近时需略为折弯,再依序贴合。注意弯度不可过大,以免不易反折。

03
向内弯曲的舌扣里零件应该会有多余的边缘,需将其裁断。

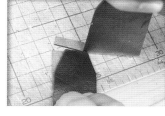

04
待黏合剂干燥后,便可使用砂纸等工具磨整全部侧边,以磨平段差。

05

沿着舌扣周边画出 3.5mm 宽的缝线并凿开线孔。需利用胶板边缘进行作业，以避免圆弧部分拉伸。

06

距离带头 40mm 处为与主体的缝合边线，需先以量尺测出距离并于该位置上的线孔标注记号。缝合时则只需缝合该记号前的线孔即可！

07 ◀ CHECK!

如图所示，记号至带头侧的线孔暂不缝合。此处需待安装至主体时再与主体缝合。

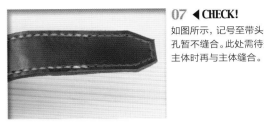

08

再次以研磨工具磨整，涂上染料及仕上剂后再次进行磨整。以此方法处理舌扣全部的侧边。

09

放上饰扣并找出最匀称的位置，确定后轻压饰扣以标上位置记号。使用符合饰扣螺丝尺寸的圆斩于该位置凿开安装孔。

10 ◀ CHECK!

于饰扣里侧的扣脚处穿入圆形衬革以垫高饰扣。

POINT!

垫于饰扣内侧的衬革

因饰扣背面呈凹陷状，所以若直接安装至舌扣上，皮革便会陷入此凹槽中而产生不安定感。为了防止此情形，便需要如图片中般夹入圆形皮革作为衬垫，以使其安定。使用两种不同尺寸的圆形皮革便可制作衬革。外圆只需选取适当的型号即可，内圆则要使用步骤 **08** 中所用的圆斩。

11
于舌扣表侧装上饰扣，里侧装上牛仔扣。

12
将饰扣所附螺丝穿过公扣，并以螺丝刀拧紧固定。

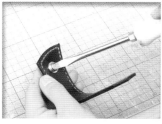

13
至此便完成了舌扣的制作。接下来便要安装至主体上。

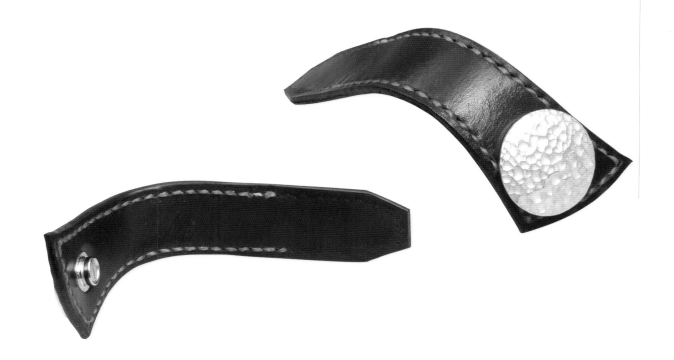

安装舌扣至主体

将前方步骤所制成的舌扣置于主体上并找出安装位置，接着再配合该位置安装上舌扣与牛仔扣。

01

将舌扣前端置于主体上以确定安装位置。需考虑镶嵌装饰的设计与位置，找出平衡感良好的位置。

02

确定位置后需轻压饰扣留下记号。使用圆斩于该记号位置凿出圆孔并安装上牛仔扣的母扣。

03 ◀ CHECK!

扣合牛仔扣，固定舌扣前端与主体后弯折主体以找出缝合位置。谨慎评估，以免将舌扣装歪。缝合位置若与侧边过近会造成无法缝合主体零件周边的情况，因此缝合位置至少要距离侧边 10mm 以上。确定位置后便可使用圆锥等工具标上记号。

04

依据记号位置找出贴合范围。于舌扣及主体上涂抹黏合剂并贴合。

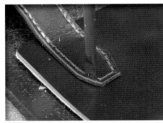

05

待黏合剂干燥后便可自舌扣上的线孔打入菱斩，将线孔贯穿至主体侧。敲打时注意不可切断前面步骤中已缝制的缝线。完成后便可进行缝合。两端为受力较大的部分，因此要跨缝 2 次补强。

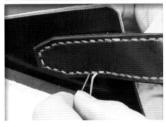

06

如图所示，缝合后针脚看起来便会像是连贯的线条。

预组主体，完成零钱袋

于主体内侧贴上内部零件并凿开线孔。零钱袋侧需要进行预组并先行完成。

01 ◀ CHECK!

无安装名片夹的钞票夹零件需于开口处以外的三边（尚未磨整侧边的边缘）贴上双面胶并贴于主体舌扣侧。此即为预组作业。

02

因名片夹侧已安装完成，所以需涂上黏合剂后确实贴合。

03

使用砂纸修整侧边。

04 ◀ CHECK!

沿着主体周边画出一圈缝线并凿开线孔。因背侧有钞票夹形成的段差，因此在跨越段差时需适当地调整位置。

05

凿出整圈线孔后，内侧零件也需以挖槽器挖出缝线沟槽（使用边线器或间距规时则无须挖沟）。但是，主体里革部分因为厚度较薄，所以不可挖沟。

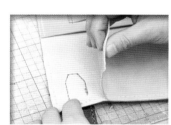

06

接着剥下预组的钞票夹零件。

07 ◀ CHECK!

零钱袋尺寸比钞票夹零件小一圈，因此需要适当调整位置，并以铁夹固定，注意不可盖住步骤 04 所凿的线孔。

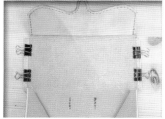

08
于零钱袋里侧画出缝合线。虽然纸型上已有标记，但还需观察实际情况进行微调。

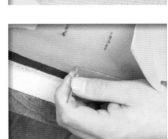

09
以固定于钞票夹上的状态直接在缝合线上凿出线孔。

10
进行缝制。

11
接着缝合侧袋身的内侧部分。需于侧袋身上画出缝线。

12
涂上黏合剂并贴合侧袋身。贴合位置请参考纸型上的记号。

13 ◀CHECK!
自侧袋身侧于缝线上凿开线孔。与前方步骤相同，下侧的缝合停止孔要落于图片中的位置上。另外，在零件间夹入较薄的胶板，以免线孔贯穿至后侧的钞票夹零件上。

14
缝合侧袋身。

15
磨整零钱袋缝合处以及尚未修整过的侧边。至此便完成了后方附有钞票夹的零钱袋。

缝合整体并加以磨整修饰

重新将零钱袋贴至主体上并缝合整体零件。最后安装上 D 字环
并磨整修饰侧边即作业完成！

03 ◀ CHECK!

依照个人喜好选择是否安装
D 字环。折入"D 字环固定带"
零件，于三角形处凿开一圈
线孔并缝合。若主体皮革较
薄时，亦有在内侧（仅三角形
部分）垫上里革以做补强的方
法。使用吊环时，只需凿开
安装孔，再以螺丝固定即可。
此部分可先依照制作的时间
以及个人的喜好进行考量后，
再决定安装何种样式的配件。

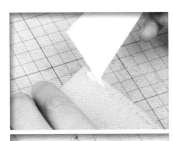

01 ◀ CHECK!

于钞票夹（已与零钱袋缝合）
上涂抹黏合剂并重新贴至主
体上。贴回原位，线孔需对
齐 P055 步骤 04 中所凿开的
线孔位置。

04 ◀ CHECK!

主体侧边由两种颜色的皮革
构成，因此可以看到分界线。
此处建议使用较深色的皮革
染料，将侧边染成单色后，
整体看起来便会较具有凝聚
力。

02

缝合主体周边。于较不显眼
的零钱袋侧边角起针较为适
宜。完成缝合后只需再对侧
边进行磨整修饰便可完成作
业。

Handmade Leather Works
Clumsy Life
革工房 クラムジーライフ

由位于埼玉市的革工房 Clumsy Life 店长户冢健一所示范制作的轻骑士皮夹，其基本概念即在于可轻松搭配骑士风服饰的穿着！户冢健一具有在机车店担任维修专员的经验，可谓是充满骑士魂的重机骑士。目前的爱车为在 Rigid Frame 上搭载 Shovelhead 引擎款的 Long Fork Chopper，且此台重机也已经陪伴了他长达 10 年的时间。而该店内的客制化定制商品也与他精心维护的重机相同，处处透露着他缜密、讲究的修整功夫。店内商品种类相当丰富，除了招牌的骑士配件之外，亦有平日也可使用的简单小物。因此，该店在骑士及日用皮件迷当中皆具有相当的人气。

SHOP DATA

革工房 Clumsy Life
日本埼玉县埼玉市见沼区大谷 342-27
电话 & 传真：048-688-2030
营业时间：不定
休息时间：不定休
网址：http://clumsylife.ocnk.net/
E-mail：clumsylife2005@yahoo.co.jp
※ 来店时请提前预约

店内充满了深具玩味且结实耐用的皮件单品。店内，若无其事般悄悄陈列于一侧的原创单品散发着简单却又充满力量的气息，与店内气氛巧妙地融为一体。在这非日常的空间中，仅仅只是闲聊喜爱的皮件与重机的话题，内心也像上了一节珍贵课程一样激动。话虽如此，但几乎是以客制化订制方式接单的Clumsy Life，并无特定的商品陈列架。因为户冢店长亦有制作外的业务，所以来店时要先行预约。若对 Clumsy Life 感兴趣的读者，请试着利用一次 Clumsy Life 所提供的做工精细的客制化订制服务！

［制作者］

户冢健一

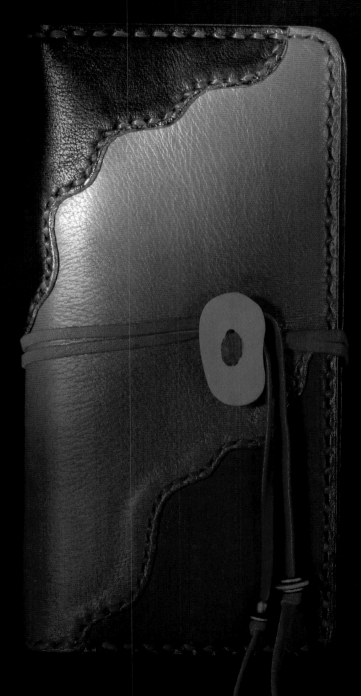

Patchwork Wallet

拼接皮夹

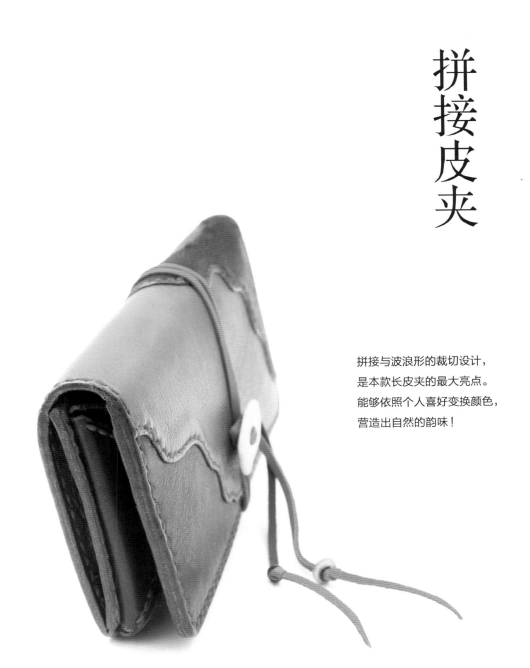

拼接与波浪形的裁切设计,
是本款长皮夹的最大亮点。
能够依照个人喜好变换颜色,
营造出自然的韵味!

由3片皮革接拼制成的拼接式主体色泽沉稳，整体呈现自然的韵味。名片夹为波浪形裁切设计，外侧则配合主体氛围使用鹿骨制纽扣与鹿皮绳固定。零钱袋为以四合扣固定的4片舌扣款式。

制作拼接皮夹

制作：齐藤笃（革工房 Atsu）　摄影：关根统

　　无须特殊技术，只要多花点心思便可完成充满个性的皮夹，可先从自由度较高的主体及零钱袋的部分着手。

　　此拼接皮夹的最大特征是主体以 3 片不同颜色的皮料组合而成。随性的波浪状连接线为容易变得生硬死板的皮夹带来了活力。采用沉稳的配色，并以鹿骨纽扣与鹿皮绳固定翻盖，瞬间增加了皮革的存在感！此作品有许多可以有效运用的方法，如改变配色、增减波浪数或是将波浪改成直线等，只要熟习这些方法，便也可以运用在本皮夹以外的各种作品上。

　　零钱袋被设计成由 4 片舌扣向中央内翻，再以四合扣固定的款式。另外，零钱袋整体面积只有主体的 1/4，而空下来的另一侧 1/4 的空间则追加缝上小型名片夹，如此便构成了可收纳 9 张名片的皮夹款式。名片夹构造一般，以重叠零件的方式制成。不过，开口部分则特意裁切成波浪状，以配合主体的自然氛围。

　　虽然内部零件可变换成喜欢的款式，但此零钱袋的造型特殊，希望各位读者一定要试着制作一下。缝合舌扣底部与底座的作业可能会较为困难，不过纸型上已经标出了线孔的位置，因此只要参考纸型，应该就不会有问题了！

制作的重点

以拼接方式制作主体

接合线呈波浪状的拼接式主体。因各零件缝合时需重叠约 5mm 的宽度，所以无法只以 1 张纸型切分，需分别做出 3 张包含重叠连接缝份的纸型。本书后方附有各零件的纸型，请依照该纸型准备 3 份制作用纸型。另外，为了避免连接处的段差过于显眼，要尽可能地缩小缝合宽度，因此凿孔等作业必须谨慎，以免失败。

制作步骤较复杂的零钱袋

因零钱袋的内侧与各零件在制作手续上皆较为繁杂，因此特意设计成以四合扣固定 4 片舌扣的款式。零钱袋形状呈矩形，因此需注意左右与上下的三角形大小并不相同。各舌扣皆需加贴里衬，底边需与口袋底座缝合。各零件上的线孔采用分别凿取的方式制作，因此需统一线孔数量与位置。请仔细确认制作步骤后再开始制作。

使用的工具

纸型上所标的线孔间距为 6mm，因此需准备全套基础工具以及斩脚间距为 6mm（邻近两斩脚间距离为 6mm）的菱斩。此处也可使用单菱斩或菱形锥，只需选用喜欢的工具即可。另外，若能够备齐方便对狭长部分进行压着作业的铁钳以及用于敲打皮革加压的铁锤，便可让作业进行得更为顺利。

使用的皮料

所有零件皆使用植鞣牛革。口袋底座开口处的补强革使用较薄的猪皮，此处可按各人喜好选择加装。主体表零件使用褶皱革，内部零件则使用平滑的油革。厚度方面，主体与零钱袋主体选用 1.0~1.5mm 厚的皮革，内部零件则选用 0.8~1.2mm 厚的皮革，颜色请依照个人喜好选择。虽然同时准备多种颜色的皮料是件相当困难的事，但拼接皮夹请务必使用不同颜色的皮料制作！

使用的零件

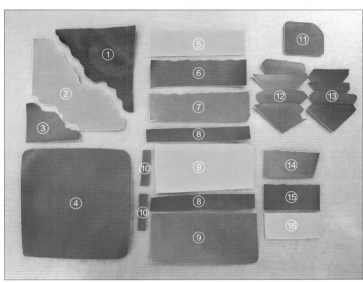
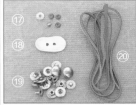

①②③主体 A、B、C（曲线外部分采用粗裁方式）
④主体里（配合主体纸型以粗裁方式裁切）
⑤口袋大 A　⑥口袋大 B　⑦口袋大 C
⑧口袋底座补强（无纸型，需裁切成约 30mm×200mm
的长方形）
⑨口袋底座　⑩侧袋身　⑪零钱袋主体
⑫零钱袋舌扣里（上、下、左、右，共计 4 片）
⑬零钱袋舌扣表（上、下、左、右，共计 4 片）
⑭口袋小 A　⑮口袋小 B　⑯口袋小 C
⑰串珠（装饰于鹿绳前端）
⑱鹿骨纽扣（可用饰扣或皮扣代替）　⑲四合扣（4 组）
⑳鹿皮绳（宽 3mm、长 90cm、1 条）
㉑扁扣（4 个，用来代替四合扣面盖以避免产生厚度）

制作的流程

① 制作零钱袋舌扣

于零钱袋舌扣里零件上装上四合扣的公扣，并对公扣底部施以保护措施。于夹住四合扣两侧的侧边上涂抹黏合剂，与表零件贴合缝合。此处需先行凿开与口袋底座的缝合线孔。

② 制作2种内部零件

重叠贴上各口袋零件至底座并进行缝合。其中一片需重叠装上口袋大A~C 的零件。另一片底座则需以同样方式装上口袋小 A~C 的零件，并于左侧安装上 4 片零钱袋舌扣。

④ 缝合全体零件

贴合主体与 2 片口袋底座并缝合，最后修饰磨整侧边即大功告成！

③ 制作主体

拼接 3 片零件，并贴上里革，接着安装上鹿骨纽扣与鹿绳即完成。

裁切与前置作业

裁出零件并磨整修饰各部侧边。若使用染革，则需于侧边涂上染料。口袋底座加贴补强革。

01 ◀ CHECK!

将纸型置于皮料上并描出各零件的轮廓线。除了需事先磨整的侧边之外，其余部分皆需以粗裁的方式裁切（防止在作业中伤及皮革）。另外，主体部分需制作分切成 A~C 零件以及无分切的两款纸型。

02 ◀ CHECK!

以粗裁方式裁出各部零件。右下栏内列出了需事先磨整的侧边，此部分则需按照纸型进行裁切。注意，主体里零件必须以粗裁方式裁成一整片的皮革。

03

使用研磨工具磨整需事先磨整的侧边。

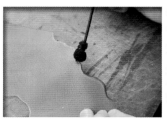

04

于磨整完成的侧边涂上与该皮面层同色的染料。虽然也可以不用染料染色，但是经过染色的侧边会较有凝聚力，也较美观，因此建议染色。注意染料不可流至皮面层。

05

涂抹仕上剂并以帆布等磨整修饰。

06

以仕上剂磨整后，需再涂上一层兼具保护与抛光效果的成膜剂。侧边专用的成膜剂可于皮革工艺材料行购入。成膜剂可加强皮件的耐用性，且使染料不容易剥落。

POINT!

用力压扁主体零件的曲线部分

接合主体 A~C 零件的曲线部分需事先尽量压薄，以避免产生段差，如此外观才会漂亮。虽然最理想的方式为削薄，但因为此处较不易采用手工削薄的方式，所以需在曲线部分涂抹仕上剂（涂抹范围可稍微向外扩大至内部的肉面层上），再以刮板等工具用力压扁以减少侧边的厚度。

需事先磨整侧边的部分

● 各名片夹开口 　　　　● 零钱袋主体四边

● 零钱袋舌扣底边 　　　● 主体零件的曲线部分

● 侧袋身上部

POINT!

于口袋底座开口处贴上补强革

口袋开口为在使用途中较容易受伤的部分，因此这里便要来介绍借由贴上薄猪皮以补强开口的方法。制作时，口袋底座的开口侧需先以粗裁的方式裁下，待贴上补强革后才可正式切齐。

01

裁切出的补强革尺寸为30mm×200mm，略大于贴合范围。先将此补强革贴于口袋底座的开口处。

02

用力加压、使其确实黏紧。若使用时剥离，便失去了补强的意义。

03 ◀ CHECK!

按照纸型切齐口袋底座的开口（原仅为粗裁）。此时补强革与贴合的侧边便会完全切齐。

04

使用研磨片轻轻磨整侧边。

制作零钱袋舌扣

于零钱袋舌扣里安装四合扣，并贴上较薄的素材，以整平扣具的凹凸痕迹。再与零钱袋舌扣表件贴合缝合即可。

01

于舌扣零件上描出纸型所标的四合扣安装位置记号，并于该位置凿出安装四合扣公扣用的圆孔。圆斩需选用与四合扣尺寸对应的型号。

02

自肉面层侧穿过底座，并自皮面层侧装上公扣。

03

将零件置于打台上，使用打具与木锤敲合公扣与底座。

04 ◀ CHECK!

裁出圆形的薄皮或薄补强胶带并贴于底座上。此方法可避免扣具的凹凸痕迹影响到皮革外侧的部分。

05

装上四合扣后，便可将舌扣的粗裁部分裁切成正确的形状。

06

于夹住四合扣的左右两边涂上约 5mm 宽的黏合剂，并与对应的零钱袋舌扣表零件贴合。

07 ◀ CHECK!

确实加压。仔细地用铁锤敲打以压紧，如此便可让侧边更为结实耐用。

08

于贴合的两边画出缝线并凿开线孔。使用菱形锥或单菱斩凿取顶点线孔，使其落于正中央。下端的最终线孔则需落于舌扣里零件的边缘位置上。

09 ◀ CHECK!

底边也需凿开线孔。此处的线孔数需与凿于口袋底座缝合线上的线孔数相同，因此必须先计算孔数。 另外，纸型上已标有间隔距离为 6mm 宽的线孔位置，因此在利用此纸型时，只需自纸型转描，再以斩脚间距为 6mm 的菱斩或菱形锥等凿开线孔即可。

POINT!

凿取零钱袋舌扣底边的线孔

此部分的纸型上已标有间隔 6mm 的线孔记号。利用纸型时，只需自纸型上转描，再以间隔 6cm 宽的菱斩或菱形锥等工具凿开线孔即可。若想采用自己喜欢的间隔距离凿孔，则需在之后缝合口袋时进行微调。

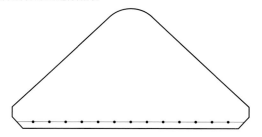

10
缝合底边外的两边。

11
因表里零件颜色不同，所以需于侧边涂上染料，染成同色。可依个人喜好选择颜色，但若能配合较深色的一侧，整体上会较有凝聚力且较美观。完成后同样也需进行磨整修饰。

安装名片夹口袋至底座

于口袋底座凿开线孔后，便需重叠安装上大小名片夹口袋。另外，底座开口与中央部分也需进行缝合。

01 ◀ CHECK!
底座的开口部分（加贴补强革边）需缝入兼具补强与装饰作用的针脚。画出缝线并以菱斩凿开线孔。另外，为了避免此处的针脚与后面步骤中所缝合的外侧针脚交叉，此处的两端线孔需如下方图片般落于距离边缘约 5mm 的位置上。

POINT!

缝合零钱袋舌扣用的线孔

于需安装零钱袋舌扣的底座上凿出缝合用的线孔。此处的线孔数与 P068 步骤 **09** 中所凿线孔数相同！或是可对照舌扣纸型上所标的 6mm 宽间距的线孔记号，再于该位置上凿开线孔，便不会有误。

02 ◀ CHECK!

于底座标出纸型所标的口袋A安装位置，并磨粗缝份以准备贴合。2片底座的磨粗位置不同，请参考下方图片进行作业。

03

背面需先磨粗补强革处的缝份，以便之后与主体贴合。

04 ◀ CHECK!

口袋底座的开口在开始制作时便已经处理完毕，但口袋（A、B）零件需于左右两侧T袖部分的下方侧边涂上染料。为了避免侧边过于显眼，所以必须进行处理。

05

于口袋大A、B与口袋小A、B的底边贴上宽2mm的双面胶做暂时固定，也可涂抹黏合剂代替。

06 ◀ CHECK!

按照纸型线孔位置凿孔时，口袋小A、B的左侧边也需依照记号凿开线孔。

07

对齐安装位置贴上口袋小A零件。此时注意，左侧的线孔也需完全对准线孔位置。

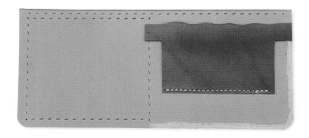

08 ◀ CHECK!

贴上口袋小A零件后，只需先缝合底部即可。

09

贴上口袋小 B 零件，需完全
贴齐 A 零件两侧 T 袖部分的
下方边缘。当然，线孔部分
也需对齐！如口袋 A，完成
后也只需缝合底部即可。

10

同口袋小 A、B，将已按照纸
型记号凿开线孔的口袋小 C
零件依序贴于下方。下方的
侧边应切齐。使用铁锤等工
具仔细敲打加压。

11

磨整口袋底座开口处的侧边。

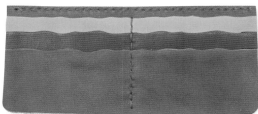

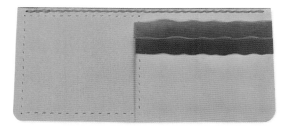

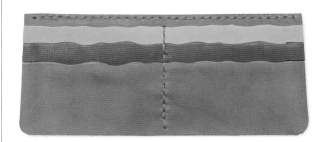

12

以贴合口袋小零件的相同方
式贴上口袋大零件。因此部
分需缝出区隔线，所以应使
用量尺测出中央位置并画出
缝线，凿开线孔。

13

缝合开口与中央的区隔线后，
再对开口处的侧边进行磨整
修饰。

完成零钱袋并装上侧袋身

缝合舌扣并制作零钱袋主体。完成后再于左右装上侧袋身便可完成零钱袋侧的底座。

01

底座与舌扣的线孔数量应该一致，因此可直接将针线穿过对应的线孔并缝合，不必先贴合固定。

02 ◀ CHECK!

缝合舌扣前，需先凿开底边及左侧边用以与主体缝合的线孔。若不在此先行凿开，待舌扣缝上后便会形成阻碍，导致无法顺利作业。

03

依序缝上舌扣。因作业位置接近与主体缝合用的线孔，所以要多加留意，以免弄错。

04

将4片舌扣缝至正确的位置后，便可将零钱袋主体夹于中央，并找出四合扣的安装位置。轻压公扣以留下记号。

05

于记号的位置上凿开安装四合扣母扣用的圆孔。凿开4个圆孔后便可自表面穿入母扣扣脚。

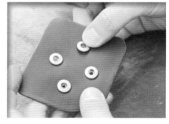

06 ◀ CHECK!

背面则需穿入称为扁扣（可避免产生厚度）的扣具以代替面盖。扁扣可于皮革工艺材料行等购入。

07

将扁扣侧朝下置于打台底部的平面上，以打具敲合固定。敲至无法以手转动的程度即可。

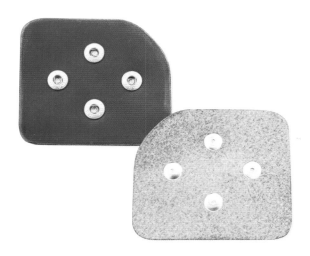

11 ◀ CHECK!

由上至下凿开口袋小零件的右侧线孔。底侧线孔已于P072步骤 **02** 中凿开，因此作业时需圆滑地连接两侧边的线孔。另外，凿取相邻口袋交界处的线孔时，使用菱形锥等工具可减少皮革损伤。

08

至此便完成了零钱袋的制作。慎重起见，需先确认零钱袋是否可正常使用！

12

缝上两侧侧袋身。注意，此时底边尚不用缝合！至此，零钱袋侧的口袋底座作业便告一段落！

09 ◀ CHECK!

于侧袋身的单侧凿开线孔，线孔数量及位置需与 P072 步骤 **02** 中所凿线孔相同。

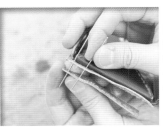

10

因此部分在贴合时需完全对齐线孔，所以可先插入数根缝针并以此为基准进行贴合。此部分的面积较为狭窄，因此使用铁钳加压会较为便利。

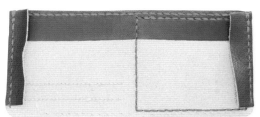

制作主体

接合 3 片主体表零件，贴上里衬并修整成纸型上的形状，最后再装上鹿骨纽扣与鹿皮绳即可。

01 ◀ CHECK!

将主体 B 叠于主体 C 的上方，主体 A 则叠于主体 B 上方。磨粗贴合边（5mm）并涂上黏合剂贴合。

02

使用铁锤等工具仔细敲打贴合部位，尽可能缩减厚度。

03

于整面主体表、里的贴合面上涂抹黏合剂并贴合。贴合时需弯折中央部分以做出弧度。弯折角度过大会造成使用不便的情况，因此弯折约90° 即可。

04

贴合后便可放上主体纸型并描出轮廓线，接着再按照纸型重新裁切成正确的形状。

POINT!

找出波浪线上的线孔位置

接下来需凿开主体 A~C 连接线上的线孔。此时若能使用间距轮进行作业会较方便。虽然也可先用边线器画出缝线，再以双菱斩等工具凿出线孔位置，但使用间距轮可以轻松压出均等的线孔位置。此部分只需按照个人喜好选择使用工具即可！

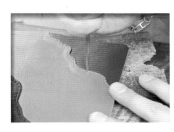

05 ◀ CHECK!

确定线孔位置后便可使用菱形锥或单菱斩凿开线孔。此时两端的线孔需与边缘保持约 5mm 宽的间距，以免线孔凿至太靠外而导致与外侧针脚交叉。

06

缝合主体零件间的连接线。如此主体零件便可完全连为一体。

07

自纸型上转标出鹿皮绳的安装位置记号，并使用直径约 3mm 宽的圆斩凿开安装孔。圆孔过大会导致穿绳时无法固定住皮绳，因此若有疑虑可先用废革测试。

08

将鹿皮绳穿过鹿骨纽扣，并将纽扣调整至皮绳的中央。

09

如图所示，将绳头穿过主体上的圆孔以装上纽扣。

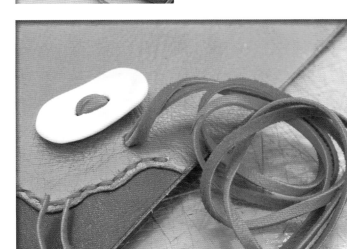

组装主体并完成作品

缝合2片口袋底座零件与主体。零钱袋侧的缝法有些技巧，要多加留意。最后再对侧边进行磨整即可完成。

04

名片夹侧需以"ⴖ"形贴合两侧及底边并确实加压，使其黏紧。

01

将口袋底座置于主体零件上，找出贴合部位后将其磨粗。

05 ◀ CHECK!

如图所示，零钱袋侧的底边尚未贴合。此部分需最后缝合。

02 ◀ CHECK!

对照零钱袋侧口袋底座的底边线孔，于主体上标出相同数量及位置的线孔并凿开。其余部分则待贴合后再凿孔，因此此时无须转描。

06

于贴合处画出缝线，凿开线孔并进行缝合。如此一来，名片夹侧便已全部安装完成，零钱袋侧则只剩下底边尚未缝合。

03

将零钱袋侧底座侧袋身的两边与主体贴合。底部尚不用贴合！

07 ◀ CHECK!

贴合零钱袋侧底边。此时两侧线孔必须完全对齐，因此可先穿过缝针，再依序贴合。

08

缝合底边。两端线孔需与两侧的侧袋身共用，以连接侧袋身的针脚。

10

最后于鹿皮绳的绳头处穿入串珠，并于适当长度的位置处打结固定。将绳头斜切，看起来更为美观！

09

于主体外围的侧边上涂入染料并进行磨整，以修饰外观。

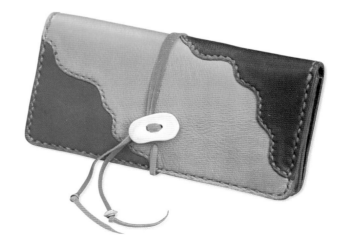

革工房

Atsu

革工房 Atsu 坐落于代官山区小巷弄中。齐藤笃为该店的制作者兼负责人，此次由他示范教学的即为自然且具有个性魅力的拼接皮夹！

由齐藤笃制作的皮件作品皆有着相似的存在感与宛如某种能量般的物质——沉稳的配色、低调的重点装饰、活用皮料质感的绝妙设计，以及将以上特性统整成一体的巧妙的素材选择方式。或许正是综合了以上各种要素，才打造出了自然且蕴藏着能量的具有生命之素材特质的作品。

店内的陈列架也多为手工制品，并以配角的身份为店内皮件作品带来更强烈的存在感。革工房 Atsu 虽处于充满着近代化感、街道笔直畅通的代官山都会区内，但却是间能够让人品味到如造访远地般的清爽情绪的店面。

[制作者]
齐藤笃

从小物类到腰包、皮包等，店内陈列着各式各样的皮件单品，而所有作品皆绝妙地染上了一层"Atsu 色"。陈列架上的摆饰及小物件都非常独特，仅仅只是看着，心情便会非常愉快。因当地民情的缘故，店内的主力商品为美容师用的工具包。革工房 Atsu 亦有提供客制化的服务，因此想为自己搭配上具有自然韵味的日常用品的读者们，也可前往工作室与齐藤店长讨论一番。

SHOP DATA

革工房 Atsu
东京都涩谷区代官山町 14-10 AU 代官山 2F
电话 & 传真：03-5458-2017
营业时间：11：30〜20：00
休息时间：星期三
网址：http://kawakoubou-atsu.com
E-mail：kawakoubou_atsu@ybb.ne.jp

Front Lock Wallet

锁扣皮夹

毋庸置疑，
本款皮夹的最大特征即为大型锁扣！
不仅满足了实用性，
而且具有特殊存在感，
非常适合追求个性的读者！

原尺寸大

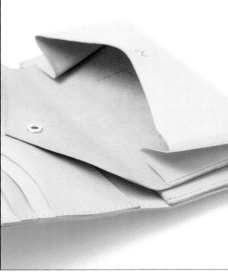

主体成三折形式，最上层为翻盖，借由将翻盖侧扣具插入锁扣中以关合。内部零件中，上侧后身为名片夹构造，下侧前身部分则装有零钱袋。正因作品结构极为简单，才能彻底突显点状装饰——锁扣的存在感！

制作锁扣皮夹

制作：川口诚二（Lesthetic） 摄影：桥口健志

提到安装于皮夹上的扣具，最有表现力的即为饰扣。根据个人的喜好或是搭配的服饰不同，可以选择各种各样的饰扣。而此款皮夹使用的是较为少见的设计上常用于皮包的"锁扣"。

此款皮夹采用较沉稳的色调，主要以自然色鞣革搭配焦茶色装饰，不过也可自行换用黑色皮料或加贴蛇皮等特殊皮革，如此便能制成较具硬派风格的外观。另外，若在蛇皮主体上加上黑色或红色的装饰，便能打造出具有摇滚风的帅气皮夹。

构造上并无极为特殊的部分，因此只要多用心留意制作的顺序，应该就不会有制作上的困难。不过，注意零钱袋为主体与侧袋身一体成型的设计。另外，因为锁扣的产量多有限制，所以较难以购入与本书范例中相同款式的扣具。不同种类的扣具在安装方式及安装部位的尺寸上可能会有略微的差异。不过，本书纸型上所标示的安装位置为较有弹性的设计，所以只要选用类似大小的锁扣，应该就不会产生太大的误差。不过建议在实际安装时，还是先行确认安装位置，因为在某些状况下，可能会需要进行微调！

制作的重点

一体成型的零钱袋

零钱袋为使用四合扣固定翻盖的设计。较特别的部分为侧袋身与前袋身相连，为一体成型的构造。侧袋身与前袋身的连接处并无针脚，因此除了具有开口大、方便使用的特性之外，零件数与缝合次数也相对减少，堪称完美的零钱袋！虽然此零钱袋的纸型形状略微特殊，裁切零件时也较费工时，但就扩展制作领域的层面来看，若能熟记此制作方式，便能灵活运用！

熟习锁扣的安装方式

此处所用锁扣的主体侧零件需借由凹折扣脚固定，而翻盖侧零件则需锁入螺丝以固定。除此之外，市面上亦有需借由铁锤敲扁插入的钉脚以固定的锁扣，因此购入时请务必确认扣具的固定方式。另外，使用两种不同的锁扣时，只要翻盖侧的凸起零件与主体侧凹陷的锁孔位置能够确实扣合，使用上便无任何问题，因此可大胆地选用自己喜欢的锁扣种类。

使用的工具

只需基本工具便可进行制作！不过，若能备齐加压侧袋身用的"铁钳（口金钳）"、打磨大范围面积的"研磨器"与凿取锁扣固定孔用的"单平斩"等工具，便能快速、有效地进行作业。另外，钞票夹与零钱袋的纸型上亦已标出缝线上的孔位记号（间隔 4mm）。因此若想按此规格制作，便准备斩脚间距 4mm的菱斩或菱形锥等工具。

使用的皮料

全部零件皆使用植鞣牛革，其中主体装饰零件与夹于翻盖扣具间的扣垫零件使用 0.8mm 厚的焦茶色牛革，其余零件则使用 1.0mm 厚的原色鞣革。因装饰零件与扣垫为设计上的重点之一，所以请务必选用与其他部分不同颜色的皮料。配色方面则只需依照个人喜好搭配即可！若欲使用特殊皮革等皮料制作主体，则需记得使用牛革制成里衬以做补强。

使用的零件

① 主体表 ② 主体里（表里零件形状相同）
③④⑤ 钞票夹（折叠构造，安装于零钱袋后）
⑥ 零钱袋（两侧 T 袖部分为侧袋身）⑦ 名片夹底座
⑧ 名片夹 A ⑨ 名片夹 B ⑩ 名片夹 C
⑪ 扣垫、扣垫里（主要功能为调节厚度以确实固定翻盖扣具，里零件以粗裁方式裁切）
⑫ 主体装饰（安装于主体翻盖前端） ⑬ 锁扣
⑭ 四合扣（1 组）

制作的流程

① 制作零钱袋

装上四合扣并于背面缝上第 1 片钞票夹零件。接着只需将其组成袋状，并缝上已缝成"∏"形的另外 2 片钞票夹，便可完成零钱袋。

② 制作表里主体

首先需将名片夹 A~C 零件安装至名片夹底座上以完成名片夹的制作，再与主体里缝合。接着于主体表装上锁扣主体与主体装饰。

③ 贴合并安装零钱袋

以略微弯曲的状态贴合主体表里零件，接着再贴上已完成的零钱袋。完成后即可沿着周边进行缝合。

④ 安装锁扣，完成！

最后于翻盖中央安装上锁扣的翻盖侧零件与扣垫即大功告成！

裁切与前置作业

于皮面层上施以成膜作业,接着对粗裁后的零件肉面层进行磨整,完成后再沿线将零件裁成正确的形状。部分侧边需提前进行磨整修饰!

POINT!

皮面层的成膜作业

表面并无施以任何染色或加工作业的原鞣革较容易被损伤或弄脏,因此皮面层在涂上保革油后需加涂皮革保护剂(leather coat)等成膜剂以保护皮革。如此不仅可提高皮料的耐磨性,亦有促使植鞣革显现特有日晒褐色的作用。因此若想要欣赏皮革的经年变化,便非常推荐采取此加工作业!

01 ◀ **CHECK!**

在裁出零件前需先对粗裁状态下的肉面层进行磨整。不过因为以此状态磨整的皮革在干燥后会自然皱缩,所以若能于完成后静置一晚,待其风干,则最为理想。另外,肉面层需进行贴合的零件(主体表、主体里、主体装饰、扣垫、名片夹底座)不必磨整肉面层,此部分需多加留意!

02
待肉面层干燥后便可叠上纸型描出零件的形状。

03
依照轮廓线裁出零件。名片夹内侧的转角只需灵活运用裁皮刀内侧刀刃便可顺利裁下。

04
于需事先磨整的侧边涂上仕上剂,并以帆布等工具进行磨整。

需事先磨整侧边的部分

● 各口袋的开口部分

● 零钱袋的翻盖部分(侧袋身上端记号至顶点)

● 零钱袋开口部分至左右侧袋身上方边缘

● 主体装饰曲线的内侧

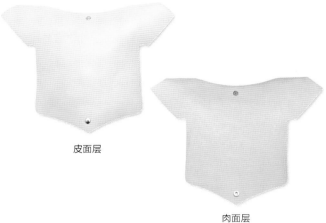

皮面层

肉面层

制作零钱袋

安装四合扣,于背面缝上钞票夹零件并组成袋状。完成后,再缝上另外 2 片钞票夹零件。

01

于零钱袋零件上标出纸型上四合扣的安装位置记号。

02 ◀ CHECK!

使用符合扣具尺寸的圆斩凿开包身侧的公扣安装孔及翻盖侧的母扣安装孔。

03

安装时,包身侧的公扣需朝向皮面层,翻盖侧的母扣则需朝向肉面层。

04

再次放上纸型以转描缝线。只需标出两侧转角与两端(共 4 处)的线孔位置,再以量尺画出连接线即可。

05

以相同方法在第 1 片钞票夹零件上画出同样的"∏"形缝线。

06

转角与两端的线孔需使用圆锥凿取，以防止线孔扩大。此时可于下方垫上软木垫，并以垂直角度刺入便能顺利作业。

07 ◀CHECK!

若将菱斩打入以圆锥凿出的线孔中，便失去了以圆锥凿孔的意义。因此，先将第一只斩脚置于圆孔上，压出后方的孔位记号，再由下个线孔位置敲入菱斩。另外，此处的线孔数需与零钱袋侧相同，因此凿孔时需计算数量。或者，亦可使用纸型上已标出的4mm间距的孔位记号。

10

取2处线孔穿过缝针，以便使线孔完全对齐。作业时需同时固定2片零件并进行缝合。两零件皮面层皆需朝内对齐！

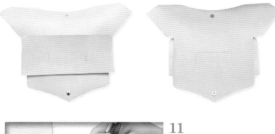

08

直接凿开缝线上的全部线孔。

11

将纸型置于零钱袋肉面层上并标出侧袋身上端记号。接着需磨粗记号以内的部分及侧袋身边缘以做出贴合面。

09

于零钱袋的缝线上凿出与钞票夹侧同数量的线孔，或者也可同样按照纸型的记号凿取线孔。

12 ◀ CHECK!

按照纸型的记号线将侧袋身折成两折。使用量尺辅助作业，并留心折出笔直的折线。

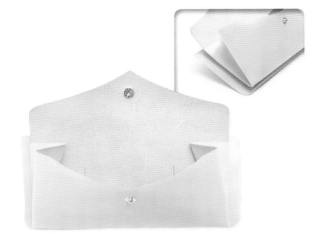

13

使用木锤侧面轻敲折线，以确实压出折痕。

14

在前方步骤中磨粗的贴合面上涂抹黏合剂。

15

对齐侧袋身上端记号，贴上侧袋身并加压。使用铁钳（口金钳）等工具便可连侧袋身的下方也确实压紧。

16

使用三角研磨器整理贴合部位的侧边段差，完成后再以间距规画出缝份约 3mm 宽的缝线。

17

以圆锥于侧袋身的上端外侧凿出 1 个圆孔，接着使用菱斩于缝线上凿开线孔。

18 ◀ CHECK!

于侧袋身上凿取线孔时需利用胶板边缘的段差进行作业，避免在背面的钞票夹上凿开线孔。

19

凿开缝线后自上端开始进行缝合。侧袋身外侧需绕缝2次以做补强。

20

磨整缝合后的侧边。其余部分的侧边皆已事先处理完毕！

21

将另外2片钞票夹零件的皮面层对叠并缝合成"П"形。自纸型转描上缝线，再于转角及两端以圆锥凿开基准孔。

22

与前方相同，两零件需分别凿出相同数量的线孔，因此除了可以利用纸型上间隔4mm的记号之外，也能自行计算线孔数量。凿开线孔后便可进行缝合。

23

接下来需沿着左右及底部三边将上方的钞票夹与零钱袋上的钞票夹缝合，因此需先将此三边磨粗并涂上黏合剂。

24
贴合钞票夹。

25
使用三角研磨器整理贴合处的侧边，完成后再以间距规画出缝线。

26
于缝线上凿开线孔并缝合，完成后再对该侧边进行磨整加工。以上便完成了背面附有钞票夹的零钱袋！

制作名片夹

依序将名片夹 A、B、C 安装至名片夹底座上，再于中央缝出分隔线即可完成名片夹。

01
于名片夹底座上标出纸型上"名片夹 A 安装位置"的记号。

02
磨粗该记号以下的侧边及底边以做成贴合面。

03
磨粗名片夹 A~C 肉面层侧相对应的部分（两侧与底边）。

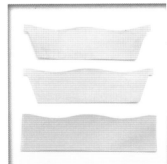

04

于名片夹底座与名片夹 A 零件的磨粗部位涂上黏合剂。

05

对齐安装位置记号并贴上名片夹 A。

06 ◀ CHECK!

于底边画出缝线，凿开线孔并缝合。此时缝线无须跨缝至外侧。

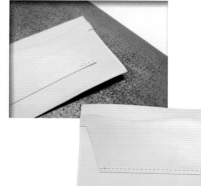

07 ◀ CHECK!

以同样方式贴上名片夹 B 并缝合底边。作业时，B 零件要完全贴齐 A 零件，不可使其产生空隙。

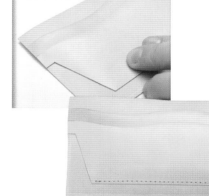

08

最后贴上名片夹 C。

09 ◀ CHECK!

利用纸型的中央记号与量尺，于名片夹中央画出垂直的分隔线。此线需自名片夹 A 的上端开始绘制，并止于距下端边缘约 10mm 处。

10
使用圆锥于分隔线的上下两端凿出基准孔。

11 ◀CHECK!
使用圆锥凿出的基准孔间需以菱斩凿开线孔。此时需使用双菱斩等工具进行作业，以便依据段差位置微调间隔距离。

12
依序凿孔至最终线孔。

13
缝制分隔线。

14 ◀CHECK!
虽然底边在之后与主体贴合时才会进行缝制，但此处需要先将其侧边处理完毕。

POINT!

避开名片夹底边针脚

在凿取分隔线的线孔时，会与前方缝合的底边针脚相交，此时菱斩有可能会切到针脚的缝线。因此，当凿至交叉点附近时，要自背面确认线孔位置，并于可能会切到缝线处改用圆锥凿孔。

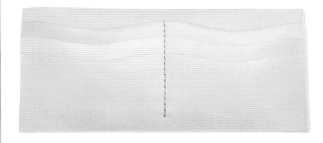

完成表里主体的制作

将名片夹贴至主体里并缝合。主体表则需贴上装饰零件并装上锁扣主体。

01
于主体里皮面层上转描出名片夹安装线（共 2 条）位置，并将 2 线间的范围磨粗以做成贴合面。

02
于名片夹的背面（整面）与磨粗部位涂上黏合剂，并对准记号贴合。

03
于名片夹上下边画出缝线。

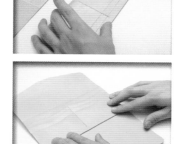

缝线左右两端各要空出约 5mm 宽的间隙

于上下边缝线上凿取线孔前，需先于两端各距边缘 5mm 的位置处标上最终线孔记号。因为此处针脚若缝得太接近侧边，便会与后面所缝的侧边针脚交叉。

04
自最终线孔记号开始凿取至另端记号。

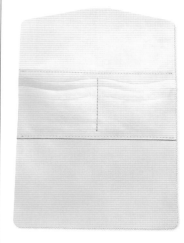

05
凿开线孔后便可进行缝合。注意，此处缝线无须跨缝至外侧！

06
接下来进行主体表零件的作业。首先将装饰零件的纸型置于主体前端并描出内侧弧线。

07
该线外侧即为贴合范围。以三角研磨器磨粗并涂上黏合剂以贴上装饰零件。

08
于装饰零件内侧画出缝线。与名片夹部分的理由相同，此处也需于两端各保留约5mm宽的间隙。

09
沿着缝线凿开线孔。

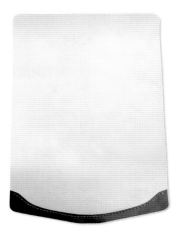

10
凿开线孔后进行缝合。外侧则需与里零件贴合后再进行缝制。

11 ◀CHECK!
使用美工刀或单平斩于扣脚位置凿出直线安装孔，接着再穿过锁扣扣脚并固定。此处的扣脚位置需视使用锁扣进行调整，因此，要依据纸型上的"锁扣安装参考位置"推算出正确位置。

POINT!

关于安装锁扣

锁扣主体的插孔（翻盖侧零件突起处插入的部分）需对齐纸型上的"锁扣安装参考位置"。因此款皮夹的锁扣位置在设计上较有弹性，因此即使换用不同形状（但要避免特殊造型）的锁扣，只要插孔位置准确，便能算出最佳的安装位置。另外，市面上亦有贩售安装方式为需插入钉脚再敲扁固定的非爪型式锁扣。若是使用此款锁扣，便需以圆锥钻出圆孔，而非使用直线孔安装。

12

穿过扣脚并压到底，接着自背面装上扣具所附的挡片。

13 ◀ CHECK!

利用木锤柄后端等处将扣脚往内弯折固定。尽可能自底部凹折，以免产生凹凸。

组合全体零件并进行最终磨整

以弯曲状态贴合表里主体，再装上零钱袋并缝合全体零件。最后装上翻盖侧扣具。

01

于 2 片主体零件的背面（整面）涂上黏合剂。扣具部分也需仔细涂上黏合剂。

02

先对齐袋身侧的边缘，再慢慢贴合。

03 ◀ CHECK!

自袋身侧依序将整片主体贴合。此时需将主体分成前袋身、后袋身、翻盖 3 部分，并于各交界处弯曲贴合。须注意，若弯曲角度过大会导致使用不便，因此只需做出缓弧即可。

04
仔细进行贴合作业，翻盖边缘也需确实黏紧。

05
弯曲贴合时，内侧的主体里零件应该会有凸出的部分，因此需将凸出部分裁掉。

07
磨粗贴合面并涂上黏合剂以贴合钞票夹与主体。

08
使用三角研磨器修整主体周围侧边，并画出整圈缝线。

09 ◀ **CHECK!**
于缝线上凿开线孔。此时需利用胶板边缘进行作业，避免在内侧零件上也凿出线孔。另外，凿至名片夹时需适当调整间距，以跨越段差及交界线。

06
于主体内侧标出钞票夹安装线的位置记号。

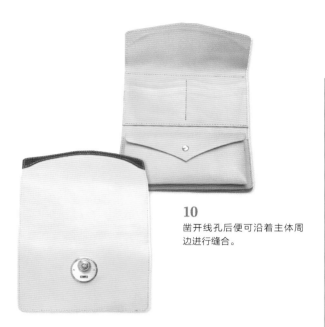

10

凿开线孔后便可沿着主体周边进行缝合。

11

磨整缝合部分的侧边。

POINT!

调整扣垫的厚度

扣垫为调整厚度用的零件，于翻盖侧扣具下夹入扣垫，便可完全填满扣具与皮料间的空隙。贴合前先预组翻盖侧扣具，并以过厚削薄、过薄追加 1 片的方式调整扣垫厚度。

12

贴合 2 片扣垫零件，其中一片为粗裁零件。

13 ◀**CHECK!**

沿着按纸型裁下的扣垫零件边缘切除多余的皮革。

14

使用三角研磨器磨整周围侧边的段差，并沿着舌缘（直线除外）画出弧线。

15

于缝线上凿取线孔。无须完全凿至直线边缘，因此部分将会藏于翻盖侧扣具中。

16
缝合扣垫。

17
使用双面胶暂时将扣垫贴于主体翻盖侧中央，并装上翻盖扣具。

18
确认翻盖扣具与扣垫无偏斜且已推至底部，于安装孔位置上以圆锥压出记号。

19
使用圆斩于记号位置上凿开符合螺丝直径的圆孔。

20
再次装上翻盖扣具并锁入螺丝。需拧紧螺丝以确实固定扣具。锁扣皮夹完成！

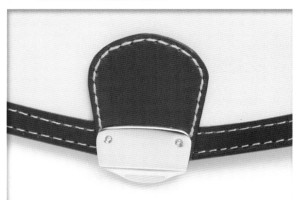

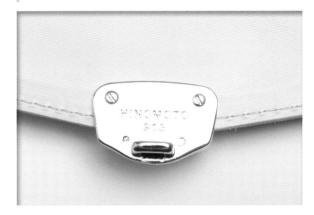

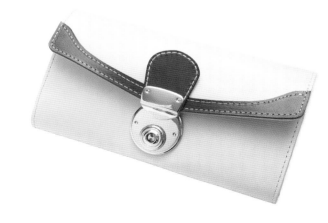

Lesthetic

为我们示范制作锁扣皮夹的为在埼玉县越谷市拥有 Lesthetic 皮革工作室的川口诚二。Lesthetic 除了贩卖与订制一般的皮件之外，还开设有皮革工艺教室。老师会以皮件小物、皮包、首饰、骑士装备、女性向单品等题材进行教学，因此教室内总是坐满了各式各样的学员。在此不仅可以学习手缝的方法，亦可学到缝纫机的使用方法。除此之外，Lesthetic 亦为 Craft 学园认定教室，因此也开设有专业皮革工艺讲师养成课程。而讲师川口诚二本身即拥有"革细工讲师1级"证照，可谓是学员们的有效强心剂。皮革工艺对初学者而言会不会很难呢？有此疑虑者也请放心，Lesthetic 亦设有1日体验教室，非常欢迎完全无经验的人士前来体验！

［制作者］
川口诚二

除了此处刊载的图片，川口老师也制作了各种款式的皮件作品，如具有手缝的粗犷感作品、精致雕刻的皮雕作品，以及利用缝纫机特有的细致针脚制成的女性向作品。另外，因为川口老师本身也具有骑乘重机的经验，所以由其制作的骑士皮件也非常受欢迎。川口老师在每件作品上灵活运用各项技法，并以此延伸出千变万化的作品风格，由此来看，真不愧为 1 级讲师的实力！Lesthetic 亦有提供客制化订制服务，因此绝对是间值得推荐给非常具有主见的人士的店面！

SHOP DATA

Lesthetic
日本埼玉县越谷市干间台西 2-16-13
电话：080-6511-9620
营业时间：10：00~18：00
休息时间：星期一、星期四
网址：http://www.lesthetic.com
E-mail：info@lesthetic.net

Round Fastener Wallet

全拉链皮夹

三方向拉链，大容量款式，
拉链周边以蛇皮与坠穗装饰，
是款特别又实用的万能型皮夹。

原尺寸大

主体加装拉链，内部设置大量口袋。一般来说，若注重功能性，便会缺乏个性，但此款皮夹装上加层和特制的拉链后堪称完美！

制作全拉链皮夹

制作：小西智典（银革屋）　摄影：木村圭吾

　　此处制作的作品为全拉链式皮夹。此款皮夹功能全面，因此具有相当高的人气。其构造比一般长夹略微复杂，因为拉链部分的安装较需技巧性，所以在手缝皮革作品的题材当中，算是较不容易向非专业人士解说的作品。而这次，我们得到了擅长制作各种款式全拉链皮夹的爱知县"银革屋"小西智典的鼎力相助，终于得以用最简单明了的方式向一般读者解说全拉链皮夹的制作方法。

　　全拉链皮夹看起来不易制作的原因，即在于皮夹开口成立体构造，且又必须精密地与拉链此种异素材完全结合。

但其实整体零件数并无想象中那么多，且内页中也会依序解说安装拉链时需注意的重点，因此只要一步步地跟着解说慢慢制作，应该就能确实、顺利地完成全拉链皮夹。其中较复杂的重点则为如何取得拉链安装时的平衡。因开口处为立体构造且与各部零件皆有复杂的关联性，仅仅只是这点便无法完全确定绝对数值。因此，只能在制作时仔细观察作品情况，谨慎地进行作业，或是借由重复不断的制作以领会出自己觉得最佳的平衡感。全拉链也可运用在皮夹以外的各种皮件单品上，因此请务必多加练习！

制作的重点

内部构造

因全拉链皮夹的内部构造较难以确认，所以必须先发挥想象力以勾勒出完整的结构图。其实，市面上流通的制品构造也都不尽相同，可以感受到制作者和设计师的种种尝试。而此次解说的作品则为使用拉链联结内部零件以作为零钱袋的开口，并以其为中心组装成"W"形结构的全拉链皮夹。而其中一个重点则为需于零件间的间隙处加装侧袋身，并于其中夹入口袋零件。

拉链的安装方法

另一个重点则为拉链的安装方法。顺序上需先贴于内部零件上，并仔细处理圆角及两端部分，完成后再与主体零件缝合。其中，取得拉链与内部零件的平衡、处理圆角皆需要诀窍，因此难度也相对较高。不过就如前方所述，只要熟习这些技法，便能应用于各种作品上。因此，本篇内容堪称皮革工艺绝不能错过的资讯。

装饰拉链

拉链属于很容易让人感到生硬的素材。当然，使用三面拉链的全拉链皮夹也是如此。为了兼顾功能性与美感，特别加入了各种加层装饰，例如主体上的装饰，以及在拉链布带上施以蟒皮装饰等。当然，若喜欢简单的造型，便无须加入装饰，直接以单色材料制作即可。可依照个人喜好改变款式！

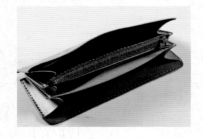

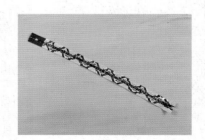

使用的工具

除了基本工具之外，还需多准备几种工具。首先，此作品有几处需直接自纸型上转描孔位至零件上并凿孔，而该线孔间距为5cm宽，因此需准备斩脚间距5mm（每间隔5mm凿开一孔）的菱斩。若无此工具，则需自行计算线孔位置，当然难度便会瞬间提高。另外，更换拉链拉头时会用到卸除原本金属配件用的剪钳，而在弯曲D字环时则需用到扣环钳（2组）。

使用的皮料

基本上使用植鞣牛革，但部分装饰零件使用特殊皮革。主体厚度为2~3mm，若超过此厚度便不易凹折。因此，若如此作品般需加贴蜥蜴皮等零件，则要将加贴后的厚度控制在此范围中。主体外的内部零件全部皆可使用约1mm厚的皮料。装饰零件中，拉链直接使用原厚蟒蛇皮即可，加层装饰表要贴牛革里衬，补强至1mm厚左右。加层装饰芯（内里）、拉链拉头及坠穗则使用约1mm厚的皮料。

使用的零件

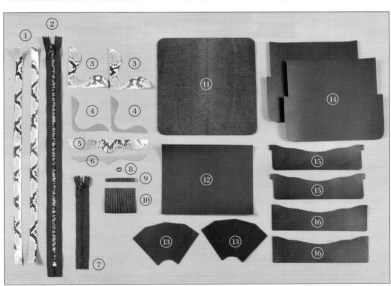

① 拉链装饰（宽12mm的蟒蛇皮，长度需配合拉链上链齿的部分）
② 主体用拉链（40cm长以上）
③ 加层装饰A（蟒蛇皮＋牛革）
④ 加层装饰A内里（各边皆需比表零件少5mm）
⑤ 加层装饰B ⑥ 加层装饰B内里
⑦ 零钱袋用拉链（15.5cm）
⑧ D字环（拉链拉头用，宽度约需7mm）
⑨ 拉链拉头（7mm×70mm）
⑩ 坠穗（装于拉头上的坠穗，50mm×70mm）
⑪ 主体（蜥蜴皮＋牛革） ⑫ 口袋 ⑬ 侧袋身
⑭ 内部零件底座 ⑮ 口袋（上） ⑯ 口袋（下）
⑰ 吊环（螺丝式）

① 安装口袋与拉链至内部零件底座

先将名片夹安装至内部零件底座，再缝上零钱袋，用拉链连接两零件以构成图片中的状态。另外，各部零件的线孔也需事先凿开。

② 制作零钱袋

对折内部零件并缝合底边以做成零钱袋。两侧需与侧袋身缝合，因此尚无须缝合。

③ 口袋两侧加装侧袋身

侧袋身需事先进行折叠。将口袋对折，再夹于侧袋身的折线中并缝合。

④ 完成内部零件的制作

贴合侧袋身与内部零件底座的侧边，并将零钱袋的两侧夹入口袋旁的折线内，接着只需缝合零钱袋的侧边即可。侧袋身的侧边需最后与主体一起缝合，因此尚无须处理。

⑤ 完成主体

于主体贴上加层装饰，此时只需缝合内侧线即可。沿着周边凿开与内部零件相同数量的线孔，并缝合无须与内部零件一起缝合的中央部分。

⑦ 组装整体并缝合

将拉链贴至内部零件上，并缝合已凿开的线孔。拉链两端需仔细处理，以免破坏美感。

⑥ 拉链上加装装饰零件

缝合蟒蛇皮装饰零件与拉链。若不要装饰，便可略过此步骤。

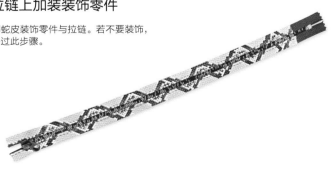

裁切与前置作业

依照纸型裁出各部零件，处理需事先磨整的侧边，再于侧边上涂抹成膜剂。

01
转描纸型轮廓至皮料上并进行裁切。

02
使用仕上剂磨整需提前处理的侧边。

03
在磨整后的侧边上涂抹成膜剂。成膜剂具有抛光及保护皮革的作用。

需事先磨整侧边的部分

● 各口袋开口与侧面 [名片夹 (下) 为整圈]

● 内部零件底座的上下边

● 主体装饰曲线的内侧　　● 侧袋身上边

安装名片夹至内部零件底座

于内部零件底座上标出各部零件的记号，并先行凿开所需线孔。完成后叠上名片夹上下零件，并完成缝合。

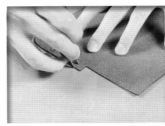

01 ◀ CHECK!
于内部零件底座的肉面层，以及名片夹的两侧与底边画出缝份 6mm 宽的主体拉链安装用缝线。借由调整此缝线的缝份（5~7mm），便能改变成品的厚度。

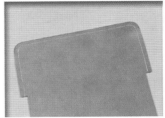

02
于名片夹的缝份上画出 3mm 宽的缝线，并于该线上凿开线孔。凿孔方法请参考下方的解说。

POINT!

于纸型上直接敲打菱斩以标出线孔位置

名片夹的缝份及内部零件中的"零钱袋底边缝线""主体缝线"等处虽需分别在各自的零件上凿取线孔，但线孔数量与位置皆需相同。因此，除了可以自行测量距离后凿孔之外，也可先转标上本书纸型上的间距 5mm 的线孔位置，再于该位置处凿取线孔。

03 ◀ CHECK!

自纸型侧于步骤 02 所画出的缝线上标出线孔位置，并使用 5mm 间距的菱斩凿开线孔。接着，内部零件底座的名片夹安装位置处也需同样自纸型上转标出线孔记号并凿孔。"主体缝线"与"零钱袋底边缝线"也同样需转标纸型上的孔位记号并凿孔（请参考本页右下角图片）。

05

接着缝合名片夹（下）。同样，此处的线孔数量也相同，所以可直接缝合不必先贴合固定。

06

于名片夹中央画出分隔线。由上往下于中央画出纵向分隔线，并以菱斩凿开线孔，线长约 30mm 即可。

04

缝合名片夹（上）的底边。因两零件皆按照纸型所示记号凿孔，所以线孔数量相同，直接缝合即可安装至正确的位置上。

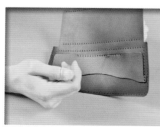

07

缝合中央以做出区隔，名片夹的制作便完成了。以相同的方式安装上另一侧的名片夹。零钱袋底边的线孔需于后面步骤中以菱形锥贯穿，此处只凿开单边线孔即可。

将拉链贴于中央。仔细加压后凿开线孔，并进行缝合。

制作零钱袋

使用拉链连接已装上名片夹的内部零件底座，接着缝合零钱袋底边缝线以做成袋状。

01

处理拉链头（零钱袋用）。于链齿外的布带角上涂抹黏合剂，由中心向外折成三角形并贴合。4 个角处皆须进行相同的作业。

02 ◀ CHECK!

于零钱袋肉面层上画出缝份 7mm 的记号线，并于该线外侧涂上黏合剂。若涂至边缘，黏合剂则会露出于表侧，因此边缘需保留 1~2mm 的间隙不涂抹。

04

完成一边的缝合作业后，便需贴上另一侧的底座并凿开线孔。此时贴歪会导致组合后的整体歪斜，因此必须笔直、均匀地贴上底座。

05

缝合此侧底座后便可告一段落。接下来需要连接上零钱袋的两侧与底边以做成袋状。

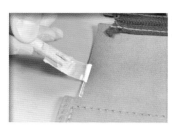

06 ◀ **CHECK!**

于零钱袋两侧涂上黏合剂。

07

自拉链接合处对折，对齐尖角后再将零钱袋侧边贴合。完成后需使用推轮等工具加压，使其确实黏紧。

08

画出 2mm 宽的缝线并凿开线孔。自离上端约 60mm 处开始凿孔，注意不可完全凿至底边。

10

贯穿线孔后即可缝合底边。两侧边需在加装侧袋身后同时缝合，此时尚不用缝制。

09 ◀ **CHECK!**

贯穿前方步骤中只凿开单侧的底边线孔，如此便可防止贴歪。

POINT!

确认侧袋身的组合方式

如下图所示，零钱袋需以此状态装上以完成侧袋身。侧袋身有 2 处凹陷，其中一处需夹入零钱袋，另一侧则需夹入钞票夹口袋。请先确实掌握此构造！

于钞票夹口袋两侧加装侧袋身

将侧袋身折叠后凿开线孔并与钞票夹口袋缝合。线孔数量需与零钱袋侧相同！

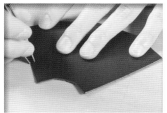

01

首先于两侧边画出 3mm 的缝线。

02 ◀CHECK!

沿线折叠侧袋身，并确实压出折痕。折叠位置并非完全等宽，而是呈略有变化的不规则状。因此需转描纸型上所标示的折线位置，再沿线折叠。注意不可弄错零件的正反面！

03 ◀CHECK!

上侧图片中①与②的部分需自折线外侧画出 4mm 宽的缝线。因夹入零件后会产生厚度，导致缝份缩减，所以此处的缝份要较宽。于缝线上凿开线孔，数量需与上页步骤 08 中零钱袋侧边的线孔数相同！另外，③与④的线孔需与内部零件底座的线孔数量相同，因此，应先自纸型转标记号后，再进行凿孔。

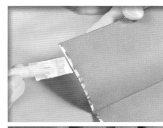

04

自中央对折口袋，于两侧边涂上黏合剂并贴合。

05

于两侧画出 2mm 宽的缝线并凿开线孔，数量同样与上页步骤 08 中零钱袋侧边的线孔数相同。

06 ◀ CHECK!

如图所示，侧袋身与口袋侧边皆已凿出相同数量的线孔。因零钱袋侧只于上端往下60mm的范围内凿取线孔，所以侧袋身下方应该也会保留约10mm宽的间隙。

07 ◀ CHECK!

将钞票夹口袋夹入侧袋身折线中并缝合，上端需将缝线绕缝至外侧以做补强。两侧边皆须与侧袋身缝合。此时须注意，成品要与下方图片一样，呈现左右对称的形状！

完成内部零件的制作

接着将与钞票夹口袋缝合后的侧袋身安装至内部零件底座上，完成内部零件的制作。但是，侧袋身的两侧边尚无须缝合。

01

于钞票夹口袋旁的褶线中夹入零钱袋，接着以相同要领缝合零钱袋与侧袋身。

02

磨粗内部零件底座纸型上标示为"侧袋身安装位置"以下的部分，并贴上侧袋身边缘。

03 ◀ CHECK!

涂抹黏合剂，将两零件对齐处贴合。使用铁夹等工具固定，以避免偏移，并等待黏合剂完全干燥。

04

待黏合剂干燥后，使用研磨工具磨整侧边段差。

05

使用削边器将边角整理成圆弧状。

06 ◀ CHECK!

涂上仕上剂并磨整修饰侧边。此部分需与主体同时缝合，所以尚无须缝制。

07

以上便完成了在内部零件上加装侧袋身的作业！因需以立体状态组合各部零件且需分别凿孔，所以会让人略感复杂。因此必须确实掌握对应点及同孔数，以便准确地进行作业！

完成主体

于主体上安装加层装饰与吊环，并沿着周边凿开线孔。此处线孔需与内部零件底座上的线孔数量一致。

POINT!

于特殊皮革背面贴上牛革里衬

蛇皮与蜥蜴皮等特殊皮革较薄且较弱，所以必须于背面加贴牛革以做补强。在使用这些皮料时，无论是要做成加层装饰还是主体，皆需先贴上牛革，再调整厚度。例如蜥蜴皮的厚度为 0.3~0.5mm，若希望使用的主体厚度为 2mm，便需加贴 1.5~1.7mm 的牛革以做补强。

01 ◀ CHECK!

给加层装饰安装内里（贴于背面，使中央部分向上隆起的零件）。将各边皆比表零件少5mm 的小片内里零件贴于加层装饰的中央。表侧零件上的直角部分虽需与主体贴合后再修整成圆角，但也可以于最初裁切时便按照纸型切成圆角。

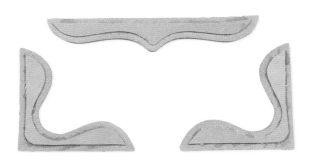

03 ◀CHECK!

贴上加层装饰。先以量尺量出正确的位置并标上记号，以便将装饰零件贴于正中央。

02

于加层零件中不会触及主体外周的曲线部分上画出 3mm 宽的缝线，并凿开线孔。缝线两端各空出 5mm 的间距，以免线孔与外周针脚相交。

04

两记号间需磨出约 5mm 宽的贴合面。

05

涂抹黏合剂并贴上加层零件，完成后以铁夹等工具固定并待其完全干燥。内侧稍后便需立刻进行缝合，因此不必黏合。

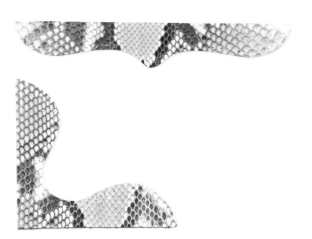

06

两角可直接放上加层零件并标出贴合范围。

116

07

以相同顺序贴上全部加层零件。

08

贯穿曲线上已凿开的线孔至主体侧并进行缝合。

09 ◀ **CHECK!**

配合主体将直角裁成圆角。若原本即为圆角，便可省略此步骤。

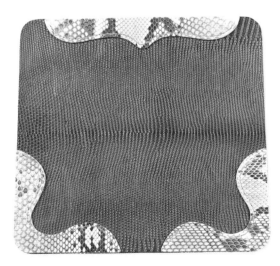

10

于加层零件 B 的中央凿开吊环安装孔。圆斩尺寸需配合吊环的螺丝直径。

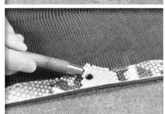

11 ◀ **CHECK!**

于吊环的螺丝孔内涂抹少许白胶以防止螺丝松脱。

12

于正面放上吊环主体并自背面穿过螺丝，接着以螺丝刀拧紧固定即可。

13 ◀ CHECK!

于主体侧边画出 3mm 宽的缝线，再参照纸型转标出线孔位置记号，并凿出线孔。无线孔的中央部分无须与内部零件底座缝合，但若想缝成连贯的线条，则要凿开线孔并先完成此部分的缝合。

14

修饰主体四周的侧边，削去边角。

15 ◀ CHECK!

涂抹仕上剂并磨整。蛇皮部分较脆弱，因此要使用较柔软的皮革等进行磨整。

16

最后涂上侧边用的成膜剂即可。至此便完成了主体部分的作业！若不希望加装装饰零件与吊环，则只需进行凿孔与磨整侧边的作业即可。

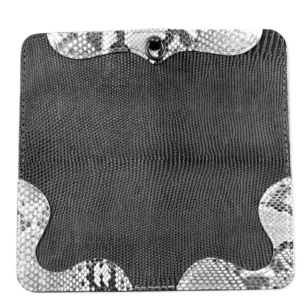

装饰拉链

于拉链布带上加贴蛇皮，拉头则加装坠穗。若不希望装饰拉链，便可略过此作业。

01 ◀ CHECK!

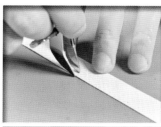

于蛇皮的一边画出 4mm 宽的缝线，接着于缝线外（较宽的一侧）贴上 10mm 宽的双面胶。

02

若双面胶太宽，则需切掉多余的部分。

POINT!

不可整面贴满双面胶的理由

若蛇皮装饰贴得过于靠近链齿处，则会导致拉链无拉动的空间，造成卡住的情况。因此，特意于内侧留出 4mm 宽不贴双面胶，以便让其保有适当的卷度，如此便能顺利地拉动拉链。

03 ◀ CHECK!

将蛇皮对齐拉链上止侧（闭合时的拉头侧）的带头，并沿着链齿慢慢贴合。蛇鳞具有方向性，因此需将蛇头方向朝往上止侧贴合。鳞片方向可用手指触摸确认，若会卡住即为逆向。

04

确实加压，以免剥落。虽然蛇皮无法完全贴至下止处，但因为缝合后此部分将会藏于内侧，所以没关系。

05

于内侧画出 3mm 宽的缝线并凿开线孔。

06

自上止侧依序缝合。

07

因需替换拉头，所以必须先以剪钳拆掉原本的拉头。

08 ◀CHECK!

使用 2 只扣环钳打开 D 字环。开环时一定要以扭转的方式打开，若以向外拉开的方式打开，则可能会变形而无法完全闭合。

09

将 D 字环穿过拉链，再以扣环钳闭合。

10

斜向削薄长方形拉头零件（7mm×70mm）的两端。

11

将拉头穿过 D 字环并对折。

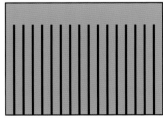

POINT!

准备坠穗

将 50mm×70mm 的长方形皮料切成坠穗。上方保留 10mm 宽，将下侧长方形切成带状。切割参考间距为 4mm，但也可随意裁切。

12

于上方无切割的部分贴上 2mm 宽的双面胶。

13
将拉头当作芯材并卷上坠穗。

14 ◀CHECK!
坠穗与拉头需缝合固定，因此请参考下图凿开 2 个线孔。使用间距较小的菱斩或圆锥凿孔即可。

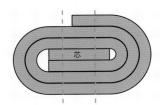

芯

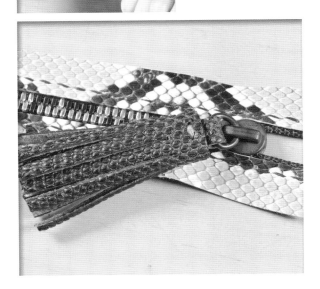

15
于该线孔穿过缝线，并重复多缝几次，再收线结尾。

缝合主体与内部零件

对称地于内部零件上贴上拉链，接着将之前先行凿开的线孔贯穿至拉链侧并与主体同时缝合。

01 ◀CHECK!
于最初步骤中画出的拉链安装线外侧涂上强力胶。此时需如下图所示涂上足够的强力胶，使其因表面张力向上隆起。另外，若涂得过于靠外，强力胶则会在完成时露出表面，因此只需涂上图片中的宽度即可。

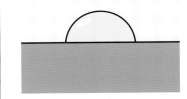

02
对齐上止与底座边缘，并自上止侧开始贴合。上止金属的前端需与内侧零件底座的折线前端平高。只要遵照此位置贴合，成品的均衡感便会非常好。贴上后需以铁夹等工具固定，以避免发生偏移。

03 ◀ CHECK!

转角处需适当地调整贴合位置，以便让链齿能够画出圆滑的弧线。转角两侧需先以铁夹暂时固定。

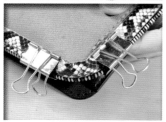

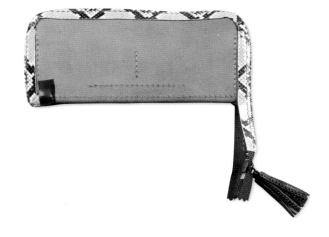

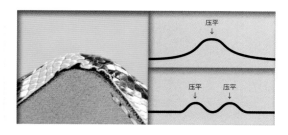

04

仔细压平转角中央部分，使其呈现出均等的褶纹并贴合。

POINT!

菊褶

处理弧线部分时，需将隆起的褶皱分半以便让其渐渐缩小。此时要尽可能地做出均等大小的褶皱！此即称作菊褶技法，通常会在需将贴成立体状的皮革或布料整理成漂亮的平面时使用。

05

将拉链全部贴合后，需沿着内部零件底座的折线以补强胶带或是用黏合剂贴上上止侧的剩余布带。补强胶带可于手工艺品店购入。

POINT!

拉链的平衡感

拉链的贴合作业可谓是制作全拉链皮夹中最重要的部分。此作业中有 3 点注意事项：①上止必须落于适当的位置上。②安装时需注意在合上拉链后，拉链不可扭曲。③立体圆弧处，拉链不可向上翘起或产生零乱的褶皱。作业时只要注意以上几点并均匀地贴上拉链，便能做出形状漂亮的全拉链造型。

06
将内部零件底座上已凿开的线孔贯穿至拉链装饰侧。

07 ◀ CHECK!
将缝线穿过主体及内部零件底座上的第一个线孔，并依序缝合对应的线孔。下侧为第一个线孔内侧的图片。或许会有点难以理解，也就是需从跨于侧袋身底边两侧的部分开始缝合。

08
因线孔数量相同，所以只要直接缝合对应的线孔，便能将拉链固定在自然、正确的位置上，最终线孔也会完全对齐。因此只需返缝，使缝线穿至内侧，便可进行收尾动作。

09 ◀ CHECK!
完成一侧后，便可自尾端往上止处依序缝合另一侧的边缘。若以顺时针方向缝合，则会导致尾端空间不足，无法固定缝线。

10 ◀ CHECK!
沿着内部零件底座以补强胶带等工具将拉链后端多余的部分贴平。此时需注意不可用力拉扯，以免拉链歪斜。

11
另一侧也需按照对应线孔依序缝合。最终线孔位置应对齐，因此同样需将缝线穿至内侧后再做结尾。至此便完成了全拉链皮夹！

12 ◀ CHECK!
若上止金属在 P121 步骤 **02** 中已贴于正确的位置上，关闭时拉头便会有"咔嚓"的感觉，且会如图一样收在正确的位置上。

采用全拉链此种较为特殊的款式，并以手缝方式制作成男款皮夹！能够将此款未曾有的皮夹的制作方法整理成可于书籍中介绍的形态，首先必须感谢"银革屋"的代表小西智典。该店内，全拉链皮夹也为主要上架商品之一，且有各式各样不同的变化款式可供挑选。除了有本书中介绍的男款全拉链皮夹之外，亦有风格、气质完全不同的女性款，同时还有追求功能性与简便性的中性款，变化种类非常丰富！全拉链皮件本身会给人一种以机械制作的工业制品印象，但是就以由皮革工艺师制作的手作题材而言，能够做到此种地步实在太令人佩服了！这些精细的做工反映着将银革屋打造成人气店面的小西智典的强劲实力，同时，小西老师希望顾客们能够喜欢这些作品。

无论是以专业人士为目标的学习者，还是对制作物品有兴趣的人，必定都能从小西老师身上学到非常多的东西！

银革屋

［制作者］

小西智典

银革屋内有小物、皮包、首饰等各式各样的皮件单品。这些商品皆充满迷人的魅力，不仅是使用者，连观赏者也能感受到愉悦。因为这些作品皆凝聚了"希望顾客能够喜欢"的强烈意念，以及将该意念化为有形的技术所产生的结晶！下方图片中分别为小西智典（中）、店员内山章代（左）与店员松冈志麻（右）。因为银革屋内每个人都沉浸在"制作物品"的乐趣之中，所以也不难理解为何银革屋的革教室一直高朋满座，甚至还有学员不远千里前来学习！无论是想参加课程，还是想购买皮件制品，银革屋绝对是值得无条件推荐的一家店！

SHOP DATA

银革屋
日本爱知县知多郡武丰町六贯山 1-117-2
电话：0569-74-1770
传真：0569-74-1760
营业时间：10：00~19：00
休息时间：星期一
网址：http://ginkawaya.com
E-mail：mail@ginkawaya.com

Studs Wallet

钻钉皮夹

我最喜欢钻钉了！
此款是想介绍给钻钉爱好者的酷炫皮夹。
可随心所欲搭配钻钉正是此皮夹的魅力！

原尺寸大

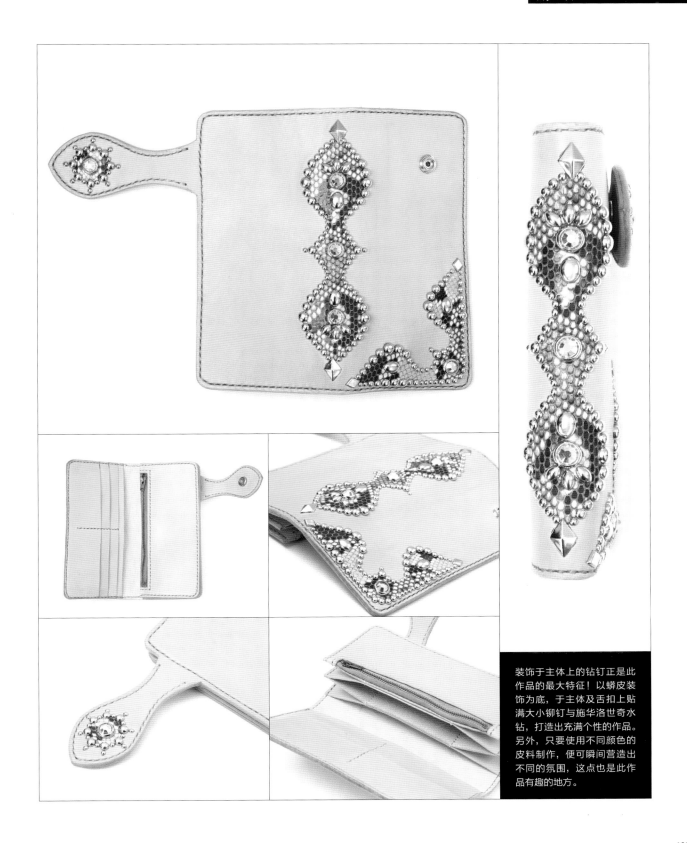

装饰于主体上的钻钉正是此作品的最大特征！以蟒皮装饰为底，于主体及舌扣上贴满大小铆钉与施华洛世奇水钻，打造出充满个性的作品。另外，只要使用不同颜色的皮料制作，便可瞬间营造出不同的氛围，这点也是此作品有趣的地方。

制作钻钉皮夹

制作：丸山龙平（Seven Miles Heaven）　摄影：桥口健志

　　善加运用金属与石类的光辉，便可为男性皮夹增添各种各样的色彩。此处使用极为简单的原色鞣革，以黑革为主调，再加入红革装饰，效果似乎也不错。加上钻钉后更能设计出各式各样的变化款，此即为钻钉皮夹的有趣之处！

　　内部零件也同样采取极简构造，但有两点需多加注意。第一点，为了提升成品的美感，所以特意将零钱袋设计成比主体小一圈的款式。而安装于零钱袋背面的钞票夹也有2种大小略为不同的尺寸，因此在裁切及组装时注意不可弄错。第二点则为零钱袋的拉链并非安装于正中央处，而是需略偏于一侧。如此，在安装上零钱袋后，拉链链齿部分便不会朝上，而是朝向使用者，使用时较为方便。而且，此安装方式可减少零钱袋的厚度，因此能够避免在与主体叠合时链齿压到内部皮革而使内部皮革受损。但是，作业时必须注意零件的方向性！

　　钻钉的安装方法并不会太难，但是在保持整体平衡感上需要一些技巧。因为在配置上若有些许歪斜，便会破坏整体美感，所以为了发挥出皮夹最大的魅力，一定要在制作时充分地意识到此点的重要性。

制作的重点

安装钻钉时如何取得良好的平衡感

需将铆钉钉脚穿过凿于皮革上的线状孔后再将其弯折固定。此作业的重点在于需尽量自底部弯折钉脚固定，不过这点在习惯后就不会觉得太困难，反而整体的平衡感才是此作业最重要的核心重点。作业技巧在制作流程中会进行详细的解说，不过在重复安装一个一个小钻钉的过程中，要养成随时确认整体平衡感的习惯。

施于零钱袋上的小功夫

皮夹本身采用最基础的构造，因此只要按部就班地制作，即便是初学者也同样可做出非常漂亮的作品。不过零钱袋部分有两大重点，一是设计上较主体小一圈，二是拉链安装位置非位于正中央。因此，在制作时需注意零钱袋及钞票夹的大小与方向位置。

使用的工具

除了基本工具之外，还需要准备安装钻钉用的工具。用来穿过钉脚的线状孔需使用单平斩或铆钉专用凿孔工具凿取。后者有各种对应尺寸，不过因其可正确、快速地凿取线状孔，所以若经常会使用铆钉的话，可购入整组工具。另外，弯折钉脚时需用到前端较细的铁钳或扣环钳，以及铁锤或小型木锤。

使用的皮料

除了主体里革使用较薄的猪皮之外，其余零件皆使用植鞣牛革。另外，安装于钻钉下方的装饰革则是使用蟒蛇皮。主体部分因需安装钻钉，所以需要一定的厚度。因此，主体可用1.5mm厚的皮料制作；内部需重叠缝合名片夹A~C零件，若能消薄，则以1.0~1.3mm为理想厚度。

使用的零件

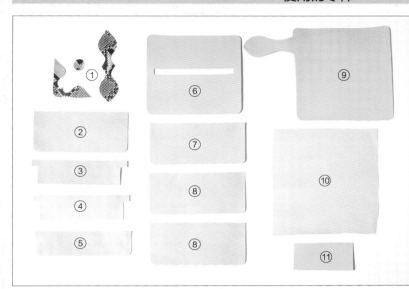

①装饰零件(标示于主体纸型内)

②名片夹底座 ③名片夹A ④名片夹B

⑤名片夹C ⑥零钱袋

⑦钞票夹主体侧(比其他的钞票夹大)

⑧钞票夹(装于零钱袋背面以做成袋状)

⑨主体表 ⑩主体里(无纸型;不含舌扣,需粗裁成比主体表大一圈的零件)

⑪舌扣里(无纸型;需粗裁成比主体舌扣部分大一圈的零件) ⑫拉链(需准备160cm长)

⑬各种钻钉(使用种类请参考P135)

⑭牛仔扣(1组+底座1个)

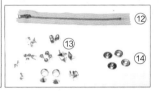

制作的流程

① 制作名片夹

将名片夹A~C安装至名片夹底座上,再纵向缝出中央分隔线。

② 制作零钱袋

于长孔中装上拉链,于背面缝上第1片钞票夹零件,接着将其对折以缝合成袋状。完成后便可装上另2片钞票夹零件。

④ 组装全体零件

将名片夹与零钱袋贴至主体上并沿着周边凿开线孔缝合。最后再对侧边进行磨整修饰即大功告成!

③ 完成主体

安装上蟒皮装饰、钻钉及牛仔扣以完成主体。

裁切与前置作业

将纸型置于皮料上并转描出轮廓线，接着沿线裁出零件。完成后需先对部分侧边进行削边作业并以仕上剂磨整，最后再涂上成膜剂。

制作名片夹

将名片夹 A~C 贴至名片夹底座上并缝合中央分隔部分。名片夹零件底部需先行削薄。

01

将纸型置于皮料上并转描出轮廓线。此时若以砝码等压住纸型，便可避免纸型在作业中移位。完成后再按照转描线裁出零件。

POINT!

削薄重叠零件以减少段差

名片夹 A、B 下方凸出的部分会进行重叠，因此侧边的段差便会影响到表面皮革。此时只需斜向削薄边缘以减少段差，便可做出漂亮的名片夹。削薄时使用较锋利的革包丁慎重地进行作业！

02 ◀ CHECK!

将需事先处理的侧边（各口袋开口及零钱袋长孔内侧）边角削圆，并以仕上剂磨整。干燥后可涂上侧边成膜剂以达到保护与抛光的效果，可视各人喜好选择是否使用。

01

于名片夹 A 的底部及左右凸出部分涂上黏合剂，对齐名片夹底座上的名片夹安装位置记号后贴合。

02

两侧需使用铁夹等固定，并等待黏合剂完全干燥，以防止零件偏移。

03 ◀ CHECK!

缝合名片夹 A 的底部。

04

以安装名片夹 A 的方法装上下方的名片夹 B，并缝合底部。

05

名片夹需于两侧及底边涂上黏合剂后再贴于名片夹 B 的下方。下方边缘应贴齐底座边缘。此部分也需以铁夹等工具固定，以防止偏移。

06 ◀ CHECK!

于中央做出分隔。使用量尺等工具测量出中心位置并画出纵向缝线。完成后再自名片夹 A 上端往下凿孔至名片夹 C 的中央部分。上下两侧线孔需以圆锥凿取，不可使用菱斩作业。完成凿孔作业后便可缝合。

制作零钱袋

缝合钞票夹与钞票夹主体。完成后再将剩下的钞票夹零件缝至零钱袋上并做成袋状。

01 ◀ CHECK!

将纸型上所标示的缝合线转描至钞票夹与钞票夹主体零件上。接着凿出相同数量的线孔，并将皮面层向内对叠缝合。因已凿开线孔，所以不必贴合固定，直接进行缝合即可。为了避免零件位置偏移，可使用铁夹等固定。注意两零件的宽幅略有不同！

02

于拉链布带的两侧涂上约 5mm 宽的黏合剂，并贴于零钱袋长孔中央处。完成后，再沿着长孔内侧画出缝线。

03
缝线上的 4 处转角均要以圆锥钻出基准孔。

04
使用菱斩凿出线孔。作业时需适当地调整间距,使线孔以等间距方式落于两基准孔间。

05
缝合拉链的周边。

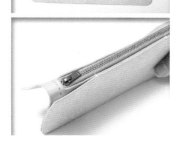

06 ◀ CHECK!
剩下的钞票夹与零钱袋内侧的缝合线需以 P133 步骤 **01** 的方法凿开线孔并缝合。开口部分应该与长孔内侧侧边贴齐。

07
将零钱袋组成袋状。于底边与两侧侧边涂上黏合剂,对折后贴齐各边缘。使用铁夹固定,等待黏合剂完全干燥。

08
于贴合部分画出缝线并凿开线孔。此时需利用胶板边缘进行作业(下方图片),以防止凿到背面的钞票夹零件。

09

于零钱袋背面的钞票夹上加装另一片钞票夹（大小相同的零件）。于两侧及底边涂上黏合剂后贴合。

10

画出缝线，凿开线孔并缝合。

11

使用三角研磨器磨整已缝合的侧边。仔细整理，尤其要将圆角磨顺。最后涂上仕上剂与成膜剂即可。

完成主体

安装蟒蛇皮装饰与钻钉至主体。完成后，再安装上里衬与牛仔扣以完成主体零件。

01

于装饰零件的肉面层涂上黏合剂并贴至主体上。贴合前需先参照纸型，转标出贴合位置记号。

POINT!

使用钻钉的种类

铆钉种类：①圆形（3mm、4.5mm、6mm、8mm）；②椭圆形（9.5mm、12.5mm）；③钻形（10mm）；④金字塔（16mm）。中央石头（⑤）则为11mm施华洛世奇晶钻。数量会随着排列方式增减，因此需准备多一些。可依照个人喜好换用不同种类的钻钉。

02 ◀ CHECK!

首先需自中央的晶钻开始配置。慎重地决定好安装位置后轻压钉脚，于安装位置上做出记号。另外，安装孔方向需与主体纵轴（弯折方向）平行。

03

于记号位置上以 2mm 宽的单平斩凿出细长的线状孔。

POINT!

钻钉用的凿孔工具

只要有单平斩便能凿取线状安装孔。虽然也可使用圆锥作业，但因为孔小所以较不易穿过钉脚。另外亦有钻钉用的专用凿孔工具（下方图片），若有此工具便能凿出相同大小、品质稳定的安装孔。不过，因钻钉与此工具皆非单一尺寸，所以必须配合钻钉大小购入适用的型号。

04

将钻钉插入凿开的安装孔中并推至底部。

05

使用前端较细的铁钳或扣环钳弯折穿至背面的钉脚。此处的作业技巧请参考下个步骤的解说。

06 ◀ CHECK!

弯折钉脚时须弯成弧形以便让尖端嵌入皮革内，而非让尖端笔直地向内对齐。

07 ◀ CHECK!

接着使用小木锤或铁锤敲扁钉脚（需将零件置于地垫上进行作业，以免将钻钉敲扁）。此时只要钉脚尖端确实扎入皮革内，便可牢固地固定住钻钉。

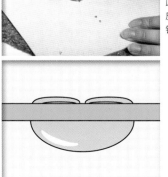

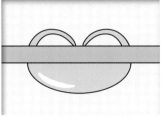

08

中央晶钻需位于蟒蛇皮装饰零件的正中央。安装时需随时确认位置，3个晶钻应落于同一直线上。

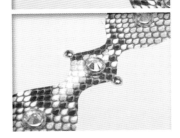

09

接着于蟒蛇皮装饰边缘装上圆形铆钉。首先于蟒蛇皮装饰边缘中央装上第二大的6mm铆钉。安装孔的方向参考左图。

10

沿着蟒蛇皮装饰的边缘于圆形铆钉旁凿开安装孔。注意铆钉间不可产生缝隙，必须完全密接。此处安装的铆钉为小一号的4.5mm款式。

11

以此要领向外依序装上铆钉。

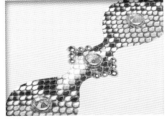

12

同时也需自背面确认钉脚排列的方式是否规则、正确。

POINT!

安装钻钉的基本顺序

此种图案的重点在于需自中央向两端依序装入钻钉，如此便能一边作业，一边确认左右的对称度。虽然作业方式并非仅限于此，但建议使用此种可实际观察到整体平衡感的作业方法。

POINT!

铆钉尺寸的选择

此处设计的铆钉尺寸为自中央往两侧渐小，于中央窄腰处使用最小的3mm款式后再渐渐换成较大的尺寸，而圆弧顶点则安装最大的8mm铆钉。安装位置若有些许不同便会影响到使用的铆钉尺寸及排列的数量，因此可实际观察整体的平衡感后再做决定。

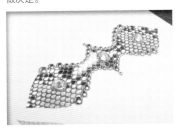

13

两端需保留 4~5mm 的间隙，加装金字塔形铆钉。虽然此铆钉脚呈斜向排列，但安装方法也一样。请慎重地找出位置后再凿取安装孔。

14

将钉脚插入凿开的安装孔并固定。固定方法与圆形铆钉相同。对称地装上两侧的金字塔铆钉后，便可移至旁边的边角进行作业。

15 ◀ CHECK!

边角装饰以顶点为纵轴线呈对称状态。与中央装饰相同，需自中央向外侧依序安装钻钉，并随时确认是否对称。

16 ◀ CHECK!

作业进行至尾端 3~4mm 处便需换装钻形铆钉。

17

装饰中央须装上椭圆形铆钉。此处同样也须仔细确认整体感，慎重决定位置后再进行安装作业。

18

舌扣的圆形装饰部分需先均等地于上、下、左、右 4 处装上圆形铆钉，并以此为基准配置上其余钻钉。最初的基准点需以量尺量出，或是参照纸型，转标出所定位置。

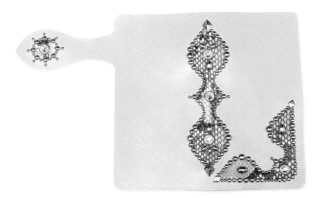

19

安装上全部的钻钉后，便需将舌扣置于以粗裁方式裁下的里衬上，并转描出舌扣的轮廓。此时，里衬需往主体侧缩进 5mm 左右。

20

舌扣里衬底边需进行斜向削薄以削除段差。虽然也可使用革包丁进行作业，但因较需技巧性，所以使用削皮刀会较为方便。

POINT!

熟练运用钻钉的方法

善加运用具有各种形状的钻钉，便能做出各种各样的造型。不过，若是安装前不事先思考设计图样，不仅会多费功夫，同时也会造成铆钉的浪费。此时，只要利用科技海绵（Melamine Sponge）便可重复拼组图样。另外也需注意，钻钉亦有 4 脚款及固定扣款等以不同方式安装的种类。

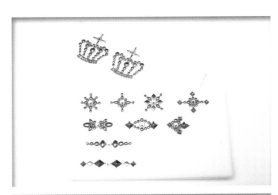

21 ◀**CHECK!**

自纸型转描出装饰零件的中心点，于该位置上凿开圆孔，并安装上牛仔扣的母扣与底座。通常母扣会与面盖成对，但为了防止厚度的产生，此处需使用底座。另外，需准备符合牛仔扣尺寸的圆斩。

22

于舌扣及里衬上涂抹黏合剂，并以推轮确实加压，使其黏紧。黏合剂可稍微涂至轮廓线的外侧，以便两零件可全面贴合。

23
自正面入刀，沿着舌扣侧边切掉多余的里衬。

24
舌扣部分已装上里衬与母扣的状态。

25
接着于主体与里衬的肉面层上涂满黏合剂并贴合。

26 ◀CHECK!
进行贴合时需微微弯曲中央部分。如此一来，完成时便可轻松地开合皮夹。不过必须注意，若弯度过大反而会导致难以打开皮夹。仔细加压，不可让里衬浮起。

27
与制作舌扣时相同，需裁掉多余的里衬。

28
弯折主体并合上舌扣，仔细观察以找出整体平衡感最佳的位置。于该位置轻轻压下母扣以做出记号，接着凿开圆孔并安装上牛仔扣的公扣与底座。

组装全体零件

将分别制作的名片夹与零钱袋贴至主体内侧，并沿着周边进行缝合，最后再磨整侧边即可！

01
于名片夹及零钱袋的贴合范围内涂上黏合剂。主体侧需先磨粗对应范围后再涂抹黏合剂。贴合后需以铁夹等工具固定并待其完全干燥。

02 ◀CHECK!
沿着周边画出缝线。舌扣底部需以量尺补上连接两侧缝线的直线。

03
于缝线上凿开线孔。在经过背面段差时需适当地调整间距，同时也需注意，不可凿到内部零件。

04
于舌扣顶点以圆锥戳开 1 个圆孔，接着再使用双菱斩自两侧依序凿开线孔。

05
将主体缝成四角形并缝合舌扣部分，最后再磨整修饰侧边。以上便完成了钻钉皮夹的制作！

141

坐落于静冈县伊东市内的"Seven Miles Heaven"，其主人为不断创作着皮件的丸山龙平，他正是这次为我们指导钻钉皮夹制作方法的老师。"Seven Miles Heaven"店内除了有主流的骑士系列与皮雕系列作品之外，还有不少款式略微轻松但同样充满了个性的作品。许多作品都运用了镶嵌与钻钉的方法，不仅成为整体设计的重点，同时也能隐约看出制作者的小小童心。而此次由丸山老师制作的钻钉皮夹，也是款会引发皮革工艺师制作欲望的作品！刊登于下方的长夹只是"Seven Miles Heaven"店内作品的一小部分，若想看看其他各种不同的款式，建议请务必前往"Seven Miles Heaven"官网一探究竟。在那里，还有非常多的值得一见的作品！

钻钉与雕刻技法也经常会用在人气单品——吉他背带上。皮带也独具一格。另外，还有较罕见的狗项圈及可装于皮包背带上使用的皮包吊环，这些皆为畅销商品。下方的长皮夹由左至右分别为 Python Heart · 黑 + 粉红、Python Heart · 原色 + 钻石银、Hibiscus、Studs Caiman & Key Holder。另外，在本书中制作的钻钉皮夹 Studs Longe Wallet · Peanuts 也为店内展示商品。

[制作者]

丸山龙平

SHOP DATA

Seven Miles Heaven
电话：080-5296-4736
网址：http://7mi-h.com

Biker Wallet

骑士皮夹

超豪华款标准骑士皮夹！
舌扣上镶嵌的饰扣非常吸睛。
巧妙运用虹鱼皮，使作品闪烁着烨烨星光。

原尺寸大

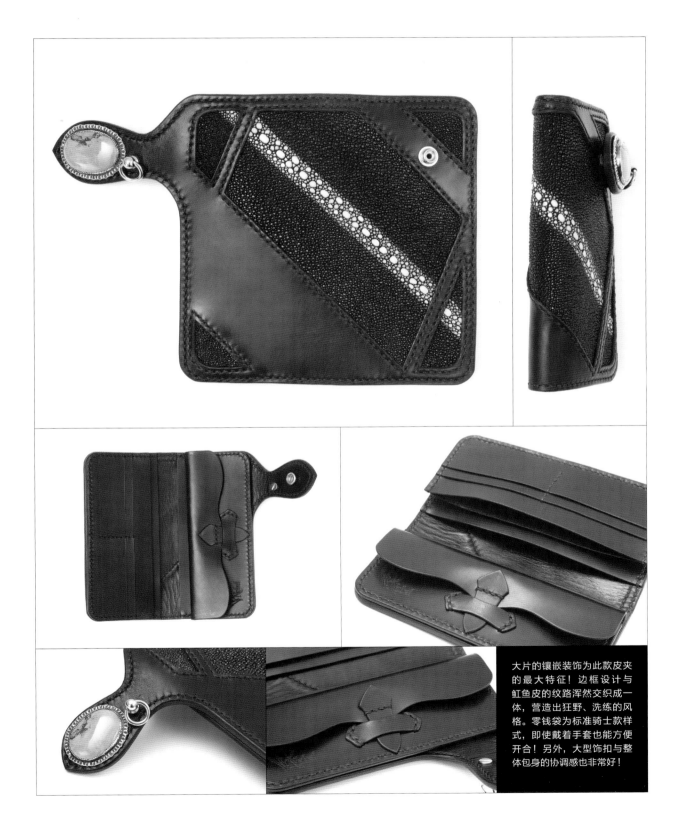

大片的镶嵌装饰为此款皮夹的最大特征！边框设计与虹鱼皮的纹路浑然交织成一体，营造出狂野、洗练的风格。零钱袋为标准骑士款样式，即使戴着手套也能方便开合！另外，大型饰扣与整体包身的协调感也非常好！

制作骑士皮夹

制作：Tomo（诺贝尔皮革工作室）　摄影：佐佐木智雅

本篇要来介绍标准款骑士皮夹！制作本品的工作室为受到众多骑士们肯定的诺贝尔皮革工作室。

此皮夹的最大特征为大胆施于整面主体上的镶嵌装饰。镶嵌装饰在设计上经常会呈现闪焰等流线状，但此处则巧妙地运用了罕见的连石虹鱼的直线鳞纹，打造出几何图样。另外，为了与充满魄力的镶嵌取得平衡，特意在舌扣上安装了具有椭圆形石头的大型饰扣。直线与曲线相互交错，孕育出洗练的氛围与魄力。因此，此皮夹绝对是款兼具个性与设计感的作品！

不过，所谓的骑士皮夹并非只是风格狂野、具有装饰，真正的骑士皮夹必须考虑到骑士们在骑乘时的使用情况，制作者必须下足功夫。为了能够快速自裤袋取放皮夹，便需避免主体下半部发生卡于口袋上的情形。另外，为了能够在戴着手套的状态下随心所欲地使用皮夹，就必须加装大型舌扣，如此会比较方便开合零钱袋。此零钱袋即可借由舌扣（含扣垫）达到迅速开关的目的！

虽然内部构造不复杂，但因为取得镶嵌装饰的平衡及安装作业的难度略高，所以请慎重地进行作业！

制作的重点

加装大型镶嵌零件

自切成镶嵌框的主体背侧贴上比镶框大一圈的虹鱼皮。虽然也可将虹鱼皮裁成四方形直接贴上，但是为了节省材料，所以使用刚好大小的分量。另外，贴合时需慎重地使用量尺测量位置，以避免镶框与纹路的直线对不齐。连石虹鱼的皮为较难入手的珍贵皮料，但是诺贝尔工作室会独立向海外进行采购。

舌扣型零钱袋

零钱袋构造分成前后袋身，翻盖则与后袋身相连。翻盖前端加缝含扣垫舌扣，将其穿过安装于前袋身上的舌扣固定带便可固定翻盖。因舌扣上具有扣垫的构造，所以即使戴着手套也可以轻松开合。舌扣与固定带需各自凿开线孔再进行缝合，但其实只要活用纸型上所示的缝线，便可轻松安装至正确的位置上。

使用的工具

除了基本工具组之外，还要再准备固定饰扣与吊环用的螺丝刀。不过，在使用虹鱼皮制作的情形下，因虹鱼皮表面的石鳞坚硬，不易裁切，即便使用革包丁或别裁作业，刀刃也会迅速变钝。因此可准备数把剪刀当作耗材使用。另外，纸型所示之线孔位置为5mm间距，因此建议准备斩脚间距为5mm宽的菱斩。

使用的皮料

除了使用镶嵌于装饰上的虹鱼皮之外，其余皆使用植鞣牛革。各部零件厚度皆需适当变化，以确实掌控成品的质感。主体里为1.2mm厚，名片夹（里、前、中、下）为1.0mm厚，其余零件则为2.0mm厚。虽然准备各种不同厚度的皮料相当麻烦，但是借由单独减少名片夹的厚度，便可提升整体的美感。连石虹鱼皮可在诺贝尔皮革工作室购买。

使用的零件

①零钱袋底座　②名片夹底座　③舌扣
④舌扣固定带　⑤零钱袋后袋身　⑥零钱袋前袋身
⑦名片夹（里）　⑧名片夹（前）　⑨名片夹（中）
⑩名片夹（下）　⑪镶嵌装饰 A～C
⑫主体表（需使用剪裁后的镶框内皮革）⑬主体里
⑭吊环（螺丝式）　⑮牛仔扣（1 组，不使用面盖）
⑯饰扣（椭圆形，宽 38mm、长 48mm）

制作的流程

① 裁出各零件，凿开线孔

裁出各零件之后需先凿开线孔，再慢慢拼组各零件。

② 完成主体

将已贴上镶嵌装饰的主体与里衬贴合，并缝合镶嵌框。

④ 组装整体零件

缝合整体，安装上饰扣与吊环，最后磨整侧边即可完成。

③ 完成零钱袋与名片夹

对齐凿出的线孔，以完成名片夹与零钱袋的组装作业。

裁切与前置作业

按照纸型裁出各部零件并磨整侧边与肉面层。侧边磨整作业需按照削边器、染料、仕上剂、打磨的顺序进行。

01

于皮料上转描出纸型轮廓并裁出各部零件。

02

磨整需事先处理的侧边。首先用削边器将边角削圆。

03 ◀CHECK!

因此处使用黑色染革，所以侧边也需涂上黑色染料。趁染料未干时以仕上剂进行磨整最为理想（染料干燥后侧边即会变硬，此时即使打磨也难以整理得漂亮），因此不必一次将全部的侧边涂上染料，可按方便磨整的范围分段作业。

04

涂上仕上剂后以磨边器等工具磨整。

05 ◀CHECK!

小镶嵌框的内侧也需确实磨整。染料须涂至锐角的内侧。此处无法使用磨边器，所以改用柔软的皮革进行磨整。

06

于需要进行磨整作业的肉面层上涂抹仕上剂，接着再用磨边器的平面等进行磨整。

需事先磨整侧边的部分	需事先磨整肉面层的部分
● 各口袋开口	● 全部零件
● 零钱袋翻盖	（不含主体表、里）
● 舌扣、舌扣固定带	
● 镶嵌框内侧	

贴合镶嵌零件与主体

仔细裁切主体表零件上的镶框部分，并自背面贴上镶嵌零件。切下的镶框内皮革需再利用，请勿丢弃。

01 ◀ CHECK!

将切下的镶框内皮革放回原位。自背面贴上镶嵌零件时，若无此零件便会导致镶嵌革被拉伸或扭曲。

02

于框外周边贴上 2mm 宽的双面胶以贴上镶嵌零件。

03 ◀ CHECK!

中央连石纹需平行于镶框的直线，因此使用量尺辅助作业。

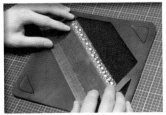

04

再次放入镶框内皮革并将主体翻至背面。

05

于整片背面上涂抹黏合剂。因边缘处容易剥落，所以要涂满，不可有空隙。

06

对齐舌扣侧的边缘，依序贴合整片主体。完成后仔细加压，使其黏紧。

于零钱袋上凿开线孔

于前后袋身的缝合线、舌扣、舌扣固定带的缝合线上凿出数量与位置相同的线孔。

01
于零钱袋前袋身的缝份（不含开口部）上画出 4mm 宽的缝线。

02
将菱斩的侧边斩脚置于缝线顶端（开口边缘），并自此处依序压出线孔位置记号。

03
确定位置后便可凿开线孔。前袋身部分需沿着纸型上所标示的舌扣固定带缝线凿开线孔。

04 ◀CHECK!
前袋身皮面层朝内与后袋身重叠，需确实对齐底边与两侧。直接以圆锥将前袋身的线孔位置转标至后袋身上（只需转标数个即可）。另外，后袋身部分需于前袋身开口边缘外侧凿开一个线孔，因此也需先标出记号（下方图片）。

05
步骤 **04** 中所标记号没有完全对齐，因此需重新画出 4mm 宽的缝线以连接各记号点，完成后再于线上凿开线孔。需凿出数量与位置皆相同的线孔！

06
按照纸型所示的线孔位置于名片夹底座、舌扣、舌扣固定带的缝线上凿出线孔。名片夹底座除了开口部之外，其余部分皆需凿开线孔（含曲线处）。

于名片夹上凿开线孔

将各名片夹零件贴至底座上，并凿开周边与分隔线的线孔。底座与名片夹里零件中央需凿开"ㄇ"形线孔。

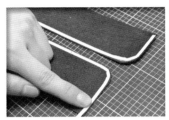

01
于名片夹（中、下）的缝份处（开口处外的各边）贴上2mm宽的双面胶。

02
对齐底边，并以中、下的顺序贴至名片夹（前）上。此时需以量尺辅助作业，以免贴歪。

03
自开口边缘以菱斩压出线孔位置记号。遇到段差时，需将斩脚跨于两侧。

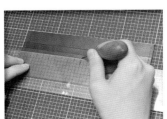

04
使用量尺量出中心点以画出分隔线。

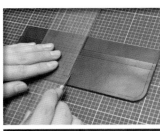

05
于中央画出纵向分隔线并凿开线孔。凿孔范围为名片夹（中）上端至往下约40mm处（下端保留少许空间）。

06 ◀CHECK!
将周围缝份上的线孔转标至名片夹（里），并以制作零钱袋的要领凿开线孔。

07 ◀CHECK!
名片夹（里）（上方图片）已凿开纸型所示的线孔。名片夹底座（下方图片）也已凿开纸型上的"ㄇ"形线孔和周边线孔（此处无须转标上前零件的线孔）。

完成主体零件

将名片夹与零钱袋的周边线孔转标至主体上，接着凿开各部线孔并缝合镶框部分。

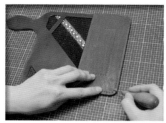

01 ◀ **CHECK!**

将名片夹底座与零钱袋底座置于主体上（皮面层朝内）以转标线孔位置。

02

画出 4mm 宽的缝线以连接步骤 **01** 所标记号。

03

不与口袋底座重叠的中央部分也需画出缝线，该部位同样也需凿出线孔。

04 ◀ **CHECK!**

沿着镶框内侧画出缝份 3mm 宽的缝线。使用间距规无法画至锐角的顶点，因此需使用量尺延长缝线至顶点。

05

以镶框顶点为基准标出线孔位置。

06

于镶框周边的缝线上凿开线孔。

07

于纸型所标"牛仔扣安装位置"上凿出符合牛仔扣底座尺寸的圆孔。

08

缝合镶框周边。

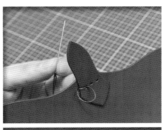

完成零钱袋

缝合舌扣与零钱袋后袋身、舌扣固定带与前袋身，接着将两零件与零钱袋底座一并缝合。

01

于零钱袋后袋身前端缝上舌扣。两端各需跨缝 2 次以做补强。只要按照纸型标示凿取线孔，即可安装至正确的位置上。

02

以相同方法于前袋身上缝上舌扣固定带。两端同样需跨缝 2 次以做补强。

09

将牛仔扣的公扣安装至步骤 07 所凿的圆孔中。

03

对齐零钱袋底座与零钱袋后袋身的中央"∏"形缝线并固定。须注意，此时两零件的方向应该正好相反且皮面层呈向内的状态。

04

缝合两零件。只要按照纸型的标示凿开线孔,即可安装至正确的位置上。

05

翻盖部分需弯折出圆弧以便关合。

06

接着对齐线孔位置并固定前袋身以进行缝合。以上便完成了零钱袋的部分!

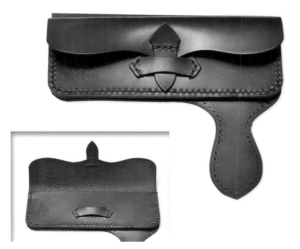

完成名片夹

缝合名片夹底座与名片夹(里)中央的"∏"形后,再与名片夹前零件缝合。

01

以制作零钱袋的要领将名片夹底座和名片夹(里)的皮面层对叠并缝合。

02 ◀CHECK!

缝制名片夹中央已凿开线孔的分隔线。段差处需跨缝2次以做补强。接着固定名片夹(前)与名片夹(里),并缝合周边线孔。

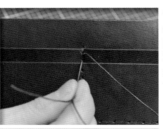

03

因叠合了名片夹4片零件，所以必须整平此部分的侧边段差。以美工刀、研磨工具的顺序尽可能地修平，但需注意不可削过头而导致侧边与缝线太过接近。

04 ◀ CHECK!

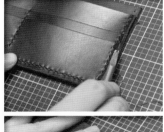

于该处以削边器将边角修圆。另外，零钱袋侧已缝合的袋身周边也需进行相同的作业并修整侧边。

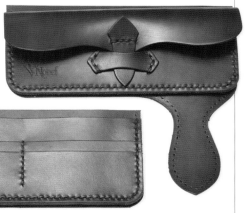

组装并完成整体

将名片夹与零钱袋缝至主体上并磨整侧边。最后装上饰扣与吊环即大功告成！

01

对齐线孔位置，将零钱袋底座固定至主体上。同样，名片夹底座也需固定至主体上。

POINT!

预防缝针刺伤皮革

在缝合主体周边时，必须在组成折叠状的口袋零件间来回穿针，而此时需以皮革等材料包住内部零件，以免缝针刺到零件，使其受损。

02 ◀ CHECK!

两底座的缝线两端皆需做补强，需各绕缝2次。另外，起针处需选于较不会突显线头的位置。

04 ◀CHECK!

使用削边器将边角修圆。舌扣部分因有段差，所以需于下方垫入底台以方便作业。

03

缝合主体周边后，再以美工刀、研磨工具的顺序整平侧边。

05

磨整前方已处理完毕的名片夹及零钱袋侧边。涂上染料，并趁干燥前涂上仕上剂。

POINT!

确认侧边的段差

如何判断侧边是否平整呢？建议以指腹抚摸时是否有凹凸不平感来作为判断的基准。若在裁断时无法做出平整切口，就会增加整体作业的难度。因此，从裁断作业开始，就要注意到成品侧边是否平整。

06

使用磨边器打磨至出现光泽。圆弧内部等较不方便使用磨边器作业的部位，可改用软革进行磨整。

07
完成侧边作业后便可安装饰扣。找出看起来最美观的位置，确定后再轻压饰扣以标出安装位置记号。

10
自背面锁上螺丝固定吊环。至此便完成骑士皮夹的制作了！

08
于记号位置上凿出符合饰扣螺丝直径宽的圆孔。接着自背面夹入牛仔扣的母扣，并拧紧螺丝以装上饰扣。

09
耐心寻找吊环的最佳安装位置。此次装于舌扣底部附近。确定位置后便可压出记号，并凿开符合螺丝直径的圆孔。

Nobel Leather Craft

诺贝尔皮革工作室以打造符合使用条件的实用性皮夹为宗旨。本书介绍的骑士皮夹正是由该店的皮革工艺师 Tomo 所制作。无论是设计，还是所用素材、构造、使用方便性及耐用性，皆灌注了 Tomo 的工艺灵魂。因此，此款皮夹是满意度极高的作品。委托这样的专业人士制作骑士皮夹，定会不负所望。虽然此皮夹的制作难度略高，但投资回报与完成时的感动却可以打保证！各位不妨来挑战一下吧！

·[制作者]
Tomo

诺贝尔皮革工作室里不断孕育着各式各样的皮夹。左页最上方为"Lovers"长夹，中央为此次制作的"Flaunt"长夹，下方则为"Sunny"两折皮夹。除此之外，还有非常多无法在此一一介绍的各类精美作品。该店亦有提供客制化订做服务！另外，店内除了皮夹之外也有各类小物、首饰、工具包等各式各样的皮件单品。这些单品也皆饱含着工艺师的高度服务精神，同时兼具个性与功能性。此作品中使用的"连石虹鱼皮（长约77cm，宽约18cm）"也为该店的原创商品（右下图片）。喜欢的读者欢迎前来洽询。在诺贝尔店内经常可以看见前来取货的顾客们的笑容。店内有 Nob 女士（下图右）、Tomo（下图中）、Ippei（下图左）等充满活力与魅力的职员们正等待着为您服务，因此请务必前往看看！

SHOP DATA

诺贝尔皮革工作室
日本神奈川县横滨市都筑区茅崎中央
26-33 绿色大厦 1 楼
电话 & 传真：045-944-0042
营业时间：10：00~20：00
休息时间：不定休
网址：http://nobel-leather.jp
E-mail：info@nobel-leather.jp

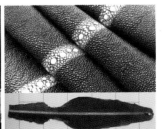

基本动作

此处将皮革工艺的基本动作视为附录资料，做一个系统性的解说。因本书内的制作流程解说皆是以此处的技巧为基础，所以除了初次制作的读者必须学习之外，也建议有制作经验的读者进行复习。

基本动作①
裁 断

▶转描

将纸型置于皮革上，沿着边缘以圆锥转描出零件的轮廓。为了避免作业中纸型位置偏离，必须以左手或砝码等重物压住纸型。另外，在较不易显示转描线的情况下（有褶皱的皮料或肉片层），可换用银笔进行转描。不过，银笔线条较粗，容易出现误差，所以要多加注意。

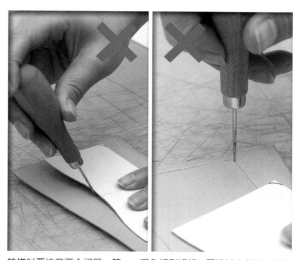

转描时要注意两个问题。第一，避免纸型翘起。圆锥针尖若画入纸型下方便会导致零件形状改变，因此使用时需将圆锥垂直于纸型。第二，转描时若施力过度，会使缝线受损。因此必须要以刚好可看见线条的力道轻轻地画出线条。

▶革包丁

在裁切皮料时，历史悠久的革包丁（日文意为裁切皮革的刀子）即为最基本的工具。使用时需如图片般的握法握住刀柄，并用大拇指往下确实压住柄头。握取位置愈靠近刀刃，就愈方便操控刀具。若是非常精细的作业，也可直接握于刀刃处。

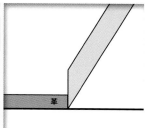

裁切皮革时，需由外往内朝自己的方向拉切。基本上是使用内侧刀刃进行切割，因此作业时需将革包丁往内倾斜，并以左手自然地压住裁切处附近的皮革。另外，因为革包丁为单刃刀具，所以若以左右垂直的方式裁切，便会切出倾斜的切口。作业时需如右图般将刀刃稍微往右倾斜，以确保裁切出垂直切面。

　·曲线　　·直线

在裁切曲线等较细腻的作业时，必须将革包丁往前倾斜45°，以利用小面积的刃角进行作业。若是要笔直地裁切直线，便需尽量立起刀具，以便使用整面刃尖作业。虽然刚开始较难操作，但在习惯之后，便可在无量尺的情况下裁出笔直的直线。

▶别 裁

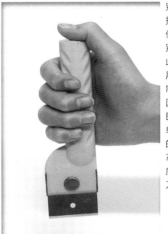

别裁为形状类似于革包丁的换刃式刀具。不同于需定时保养以维持锋利的革包丁，别裁只需替换刀刃即可，因此即便为初学者也能随时使用到锋利度良好的刀具。想制作漂亮的作品，最重要的因素即为"锋利度"。因此，即使别裁看起来构造相当简单，但实际上却是非常出色的工具。使用方法基本上与革包丁相同，但因单刃的角度较浅，所以裁切时需缩小刀片的倾斜角度。

▶美工刀

美工刀虽然为最常见的工具，但却能充分地运用在皮革工艺中。其最大的特征为刀尖呈锐角，可有效掌控曲线部位的裁切作业。直线部分则只需借助量尺作业即可。为了保持刀刃的垂直角度，建议选用可安定作业、容易握取的大型美工刀。

POINT!

小半径圆弧的裁切方法

在尚未习惯裁切作业时，应该很难将图片中的小半径圆弧裁得漂亮。不过，此时只要分成数次，以直线裁切即可。虽然会增加以研磨工具修圆时的时间，但是比起裁切失败，此方式还是比较可靠的。

基本动作②

凿孔

▶圆 斩

在加装金属配件等附属品时，有时会需要使用圆斩凿开圆孔。使用时只需将刀刃置于皮革表面，再以木锤敲打即可，因此并不会太难。在对准参考点记号凿孔时，需先于敲打前以刀刃压出圆形痕迹。注意需将记号点调整为圆心后才可凿出圆孔。

▶菱 斩

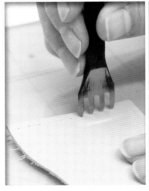

线孔基本上是以木锤将菱斩敲入皮革内凿取。作业时不可贸然开始凿孔，基本的流程为，先轻压斩脚做出记号，再推算出均等间隔的凿孔位置。若不经任何思考便进行凿孔，有可能会出现转角与边缘处的间隙过大或是过近而导致线孔相黏的情形。因此，必须先确认起点与终点，以及邻近基准点（转角或段差等），思考放入几个线孔才能取得平衡。若有些许误差，则可借由缩小或放宽间距以调整出均衡的线孔。要根据凿取部位灵活运用菱斩，如直线部位可使用四菱等斩脚数较多的款式，而曲线部位则使用双菱或单菱等款式。另外，位于转角或边缘的线孔在穿过缝线后会被撑开，较不美观，因此有时也会用圆锥进行凿孔。

推算出线孔的凿取位置后便可直接敲入菱斩。虽然以木锤敲打非常简单，但打得过深会造成线孔过大，不够美观。因此只要凿至斩脚略微露出于背面即可。另外，最佳的凿孔方法为将第一支斩脚跨于前组最后一个线孔内，再以其他斩脚凿开下组线孔，如此便能确保固定的间距。不过，在推算线孔位置后若要微调间距，则需一点点地错开位置凿取。

黏 合

无论是醋酸乙烯系黏合剂还是天然橡胶系黏合剂，最佳使用方式皆为以上胶片蘸取涂抹，并尽可能地向外推薄。涂得过厚会形成凝块或胶层，影响到整体的品质。

涂上黏合剂后便可对齐边缘或记号将零件贴合。贴合时机需视黏合剂种类，详细解说请参考 P010 "工具" 单元。

贴合后需使用磨边器摩擦或以木锤侧面敲打，确实的压着作业（施以压力以削除间隙）可使黏合剂效果更好。尤其是边缘处，更需仔细压着，以免剥离。

穿 针

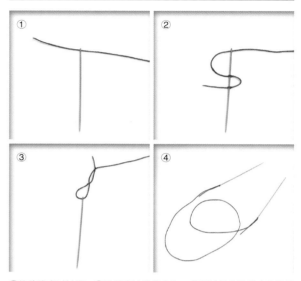

①将缝线穿过针眼。②将针穿过缝线 2 次。③以该状态将线头往缝针后方拉便会绞成图片中的样子。搓捻缝线相绞的部分以确实固定。④以此方法将两侧线头装上缝针。

处理线头

▶白胶

使用醋酸乙烯系黏合剂（白胶）的方法。只需在最终针脚拉紧前，于将收入线孔中的部分涂上少量白胶即可。只要确实进行了返缝，便不会有松脱的问题。

▶烧熔

仅适用于化学纤维缝线（SINEW 线、VINYMO 线）的方法。保留 1~2mm 的长度后剪去多余的缝线，再用打火机轻轻烧熔固定。熔解的线头会收缩成圆球状，因此需趁软化时以打火机的边角压扁。

基本动作⑥
平 缝

物品的表面需设于右侧。将线穿过起针线孔后，需将夹于线孔左右两侧的缝线拉成同长。另外，需进行返缝的部分不可自边缘线孔起针，必须往后空出数个线孔后再起针。

首先自背面将持于左手的缝针穿过进行方向的下个线孔。接着将右手的针置于左手针的下方，使其交叉成十字，再同时将左侧的针拉出线孔。

将穿过线孔的缝线向外拉以腾出空间，再将最初拿于右手的缝针穿过同个线孔。

以左手抽出右侧的缝针并拉紧缝线。反复以同样方式进行缝合便能缝出规则、正确的针脚。

基本动作⑦
侧边磨整

在以研磨片整理侧边形状的同时，也会一并磨平表面的凹凸，使其呈现出平滑的状态。侧边的理想形状为断面呈半圆形的状态。因此，有时也会先以削边器将边角削圆。

涂抹通称为"侧边仕上剂"的打磨剂，其具有可使侧边纤维变硬的效用。可使用于本书中所使用的植鞣革上。市面上具有数种侧边仕上剂，只需依照各人喜好选用即可。

趁侧边仕上剂尚未干燥前，以磨边器或帆布等打磨工具磨整。植鞣革在经过确实磨整后，纤维便会紧缩且并呈现出单宁的色泽，因此侧边就会变得较为紧实，并呈现出较深沉的颜色。

反复进行以上磨整步骤，直到磨出满意的光泽与平滑感。再次以研磨片打磨紧缩后的侧边，可将凹凸磨得更为均匀、细致。只要多重复几次此作业，定会提升作品的品质！

POINT!

段差处需缝双层针脚

当针脚需跨越皮革段差时，基本上必须在同一线孔中来回缝出双层针脚以做补强。此为补强名片夹开口处等需承受重力、拉力的部分的有效方法。

POINT!

染色

为了搭配皮面层的颜色，或是希望各部零件成品质感均一，有时会在侧边涂抹染料染色。涂抹时机基本上为涂抹仕上剂前，可依照个人喜好进行调整。

安装金属配件

▶四合扣

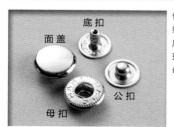

使用于零钱袋翻盖等部分。组装时，面盖与母扣为一组，底座与公扣为一组。基本原理为将公扣的凸起部分卡入母扣的凹槽中以固定。

凿出刚好可穿过面盖扣脚的圆孔，以夹住皮革的状态将面盖扣脚插入母扣的凹槽中。以此状态直接将面盖置于打台上。四合扣的专用打台上有符合面盖形状的凹槽，因此只要将面盖放入对应尺寸的凹槽中，便能避免敲打时压扁面盖。

于皮革上凿出刚好可穿过底座扣脚的圆孔，以夹住皮革的状态将底座扣脚插入公扣的凹槽中。底座里侧为平面，因此需置于打台的平面处。

将四合扣专用打具（凸款为母扣用，凹款为公扣用）正确、垂直地对准扣具并以木锤敲打，如此便可使中央扣脚变形，进而将其固定。

▶牛仔扣

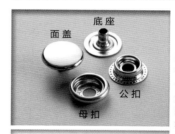

牛仔扣的结合力比四合扣强，因此通常用作为主体舌扣的固定扣具。构造上与四合扣完全相同，且扣合方式也一样。不过，牛仔扣的母扣与公扣皆使用同一支打具。另外，牛仔扣母扣也经常会安装于饰扣的背面，此时便需将饰扣所附的螺丝穿过母扣中央圆孔后再拧紧固定。

POINT!

注意皮料的厚度

若使用的皮料过厚，会因为扣脚长度不足以穿至对侧而无法固定。例如，牛仔扣在安装后，扣脚前端至少需凸出至图片中的程度才可固定。

纸型的使用方法

本书后方所附的原寸纸型上不仅有零件的轮廓，同时也有标示贴合位置、折线位置和线孔位置等，作业时请务必将纸型与制作流程相互对照，以做参考。需贴至厚纸上再使用。

本书所附纸型无法直接使用，请先贴于厚纸上并转描出零件形状后再使用。首先需准备充足的复印本，因部分零件为重叠绘制的状态，所以需备齐所需的分量。

沿着各零件的裁切线外侧，先大略地裁下纸型。

于背面涂上黏合剂后贴至厚纸上，需使其完全贴合。为了避免纸张吸收水分而软掉、变形，所以需使用水分较少的口红胶、喷胶或生胶糊等胶剂。

沿线裁出正确的纸型。直线部分需使用量尺以裁出笔直的线条。另外，刀片需尽量切于线条的正中央，如此便可减少误差。

纸型完成！若不使用厚纸而改以塑胶材质（垫板等）制作，可做出更加耐用、精准的纸型。

标示记号

▶裁切线

沿着此线中央裁切以制成纸型。不过，若零件为重叠绘制的情况，裁切线便会有复数条之分，因此必须先确认纸型上的指示，以找出正确的裁切线。

▶辅助线

标示对折处、贴合位置与缝线位置等的线条，不须进行裁切。在转描至皮革时，只需标出两端的位置，再以量尺等连接即可。

▶圆 点

标示贴合位置与孔位的记号。将纸型重叠于皮革上后，以圆锥戳过圆心以转标至皮革上。转标时不可过度用力，只需轻轻压出可看到、能够确认位置的记号即可。

▶建议纤维方向

此部分已在卷头的"基础知识"单元中做过解说，不过在转描纸型轮廓至皮料上时，若能考量皮料的纤维方向，便可提升成品的质感。纸型上则以左图中的箭号代表裁取零件时的建议纤维方向。

著作权合同登记号：豫著许可备字–2015–A–00000258

Kawa De Tsukuru Otoko No Rongu Uoretto
First original Japanese edition published by STUDIO TAC CREATIVE CO., LTD.

Chinese (in simplified character only) translation rights arranged with STUDIO TAC
CREATIVE CO., LTD., Japan.

through CREEK & RIVER Co., Ltd. and CREEK & RIVER SHANGHAI Co., Ltd.

Photographer：木村圭吾　小峰秀世　佐佐木智雅　关根统　桥口健志

图书在版编目（CIP）数据

皮革工艺. 男用长夹 / 日本STUDIO TAC CREATIVE 编辑部编；刘好殊译.
—郑州：中原农民出版社，2017.2（2018.4重印）
ISBN 978-7-5542-1604-0

Ⅰ.①皮… Ⅱ.①日… ②刘… Ⅲ.①皮革制品—手工艺品—制作 ②皮包—制作
Ⅳ.①TS973.5 ②TS563.4

中国版本图书馆CIP数据核字（2016）第319805号

出版：中原出版传媒集团　中原农民出版社
地址：郑州市经五路66号
邮编：450002
交流：QQ、微信号34213712
电话：15517171830　　0371-65788679
印刷：河南瑞之光印刷股份有限公司
成品尺寸：202mm×257mm
印张：10.5
字数：168千字
版次：2017年3月第1版
印次：2018年4月第2次印刷
定价：68.00元